InDesign 平面设计案例教程

张炎 编著

——从设计到印刷

人民邮电出版社

北京

图书在版编目（C I P）数据

InDesign平面设计案例教程：从设计到印刷 / 张炎
编著. — 北京：人民邮电出版社，2016.1（2018.7重印）
ISBN 978-7-115-39644-0

Ⅰ. ①I… Ⅱ. ①张… Ⅲ. ①平面设计—图形软件—
教材 Ⅳ. ①TP391.41

中国版本图书馆CIP数据核字(2015)第236521号

内 容 提 要

本书主要讲解如何使用平面设计软件——Adobe InDesign CS6完成不同种类平面作品的设计与制作。

为了让读者学习日常实际工作中经常使用的软件技术知识、实战项目的设计与制作方法，本书在内容安排上，采用了两条主线，一条是软件操作技能，另一条是实际的工作项目。通过学习本书，读者能够快速掌握常见设计作品的设计与制作方法，还能掌握更多实用的软件功能。全书共13章，依次为进入 InDesign 的世界、商业卡片设计、DM 单设计、杂志内页设计、画册设计、网页设计、招贴设计、广告设计、APP 版式设计、信息视图化设计、书籍装帧设计、作品的输出设置、作品的印刷。

本书是一本典型的实例、技巧型图书，适合 InDesign 初、中级读者阅读，也适合作为高等院校的相关课程教材。

◆ 编　　著　张　炎
　　责任编辑　邹文波
　　责任印制　沈　蓉　彭志环

◆ 人民邮电出版社出版发行　　北京市丰台区成寿寺路 11 号
　　邮编　100164　　电子邮件　315@ptpress.com.cn
　　网址　http://www.ptpress.com.cn
　　北京鑫丰华彩印有限公司印刷

◆ 开本：787×1092　1/16
　　印张：16.5　　　　　　2016 年 1 月第 1 版
　　字数：406 千字　　　　2018 年 7 月北京第 3 次印刷

定价：69.00 元（附光盘）

读者服务热线：(010)81055256　印装质量热线：(010)81055316
反盗版热线：(010)81055315

平面设计是视觉传达的重要手段。学习平面设计，选择一款合适的软件尤为重要。在众多的平面设计软件中，Adobe InDesign CS6 可以说是目前功能较强大的平面设计软件之一，适用于各类定期出版物、海报和其他印刷媒体。InDesign 作为一款专业排版设计软件，能创建用于打印、平板电脑和其他屏幕的、优质和精美的页面，并且用户可以根据个人喜好轻松调整版面，使其适应不同的页面大小、方向或设备，获得更佳的输出效果。

本书写作目的

本书从初学者的角度出发，将理论与实践相结合，全面细致地讲解如何利用 Adobe InDesign CS6 来完成专业的平面设计项目，使读者真正知其然并知其所以然。

本书结构

本书以 InDesign 作为平面设计工具软件进行讲解，全书共 13 章，各章主要内容如下。

第 1 章为进入 InDesign 的世界，主要介绍了平面设计的基本知识、InDesign 界面构成及简单的软件操作知识，为读者能更好地学习本书内容奠定基础。

第 2 ~ 11 章是典型的设计实例讲解，介绍了最常见的商业案例，如商业卡片设计、DM 单设计、杂志内页设计、画册设计、网页设计、招贴设计、广告设计、APP 版式设计、信息视图化设计、书籍装帧设计等。在案例 11 讲解时，采用了先理论后操作的方式，真正做到理论与实践相结合。

第 12 章讲解了作品的输出设置，包括作品输出前的打印设置、不同格式文件的导出设置，以及文件的打包设置等。本章的学习目标是掌握不同作品的输出方式，能让我们设计的作品付诸印刷。

第 13 章讲解作品的印刷，主要介绍与印刷相关的知识，如印刷的概念和要素、印刷的后期工艺、印刷的环节和纸张的分类等。

本书特点

○ 以深入浅出的方式进行讲解，内容的安排上贯穿实际的工作项目和软件操作技能两条主线，读者在学习的时候可以根据个人的喜好，有选择性地阅读某些章节。

○ 所选实例非常具有代表性，都是最常见的商业案例，同时，在讲解案例具体制作过程前，还对案例所使用的主要功能、设计要点进行分析，让读者知道该案例主要要学习的内容，以及为何要这样设计等。

○ 在实例讲解过程中，还穿插了大量的经验、技巧，帮助读者在学习过程中轻松解决遇到的各种问题。

○ 配套光盘包含了书中所有实例用到的实素以及源文件。另外，还配备了详尽的课后习题，并提供简单的操作步骤，方便教师教学的同时，还能锻炼学生独立完成作品的能力。

本书读者对象

本书可作为高等院校平面设计基础课程的教材，也适合 InDesign 的初、中级读者及有一定平面设计经验的读者阅读，同时适合培训班选作平面设计课程的教材。

本书力求严谨细致，但由于作者水平有限，时间仓促，书中难免存在疏漏和不妥之处，敬请广大读者批评指正。

编者

2015 年 10 月

目　录

Chapter 01　进入 InDesign 的世界

Chapter 02　商业卡片设计

目　录

Chapter 03　DM 单设计

目　录

Chapter 04　杂志内页设计

Chapter 05　画册设计

目 录

Chapter 06 网页设计

Chapter 07 招贴设计

Chapter 08 广告设计

目 录

Chapter 09　APP 设计

Chapter 10　信息视图化设计

目 录

Chapter 11　图书装帧设计

Chapter 12　作品的输出设置

目　录

Chapter 13　作品的印刷

Chapter 01

进入 InDesign 的世界

Adobe InDesign CS6 是一个定位于专业排版领域的全新软件，随着其版本的不断更新，在功能上也变得更加完善与成熟。InDesign 整合了多种关键技术，包括大部分 Adobe 专业软件拥有的图形图像、字体字型、印刷、色彩管理技术等，能够满足大部分平面设计工作者的需求。

本章从平面设计的概念入手，一步步地介绍平面设计配色、常用软件、InDesign 的工作界面和 InDesign 基本操作。

本章学习重点：

- 认识并了解平面设计
- 构成平面设计的要素
- 平面设计配色原则
- InDesign 的工作界面
- 常用的菜单、工具、面板简介
- 必备的软件基础操作

1.1 平面设计基础

平面设计是将各个构成元素按照一定的规则在平面的二维空间内组合形成图案的视觉传达方式。平面设计中的立体表现空间是利用图形对人的视觉产生引导而形成 的幻觉空间。在平面设计中，图形、色彩、文字是构成平面设计的基本元素，利用好的创意，把握设计作品在画面色彩上的调和与对比，使整个作品的色调融合、平衡，处理好图形、色彩和文字三元素在画面中的空间关系，就可以得到一幅好的平面设计作品。

1.1.1 认识平面设计与平面构成

平面构成是把视觉元素在二维的平面上，按照美的视觉效果和力学的原理进行编排和组合，从纯粹的视觉审美和视觉心理的角度寻求组成平面的各种可能性和可行性，是关于平面设计的思维方式和平面设计的方法论。

平面构成是平面设计的思维方式，是通过研究和探索设计中的规律，达到最终设计效果的有效手段之一，因此我们也可以说平面设计是平面构成的具体应用

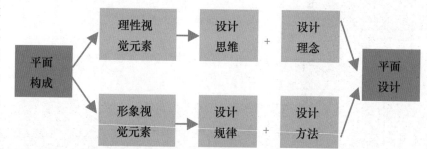

和实施，右图展示了平面构成与平面设计的关系。

平面构成按其研究的性质和特点来分，可以分为自然形态构成和抽象形态构成两大类。以自然形态为基础，保持原有形象的基本特征，对大自然中的动物、植物、工艺品等各种形态的结构、形式、秩序等进行模仿的构成称为自然形态构成；而抽象形态构成则是指以自然规律和运动规律为主线，利用点、线、面等元素，组合成多种几何形象。抽象形态构成是平面构成中最为常见的构成形式，常给人以无限的元素想象空间。如下左图所示为自然形态构成效果，右图为抽象形态构成效果。

平面构成作为设计的一种思维方式和基础理论，在实际的设计过程中，具有极强的广泛性，结合富有抽象性和形式感的表现形式，能创作出别具一格的画面效果。

一套正确的、完整的平面设计思维流程，首先应当是通过理性的分析得出一个抽象的概念，然后在运用中将之具象化后再深入分析、扩展，然后达到成熟的阶段，如右图所示。

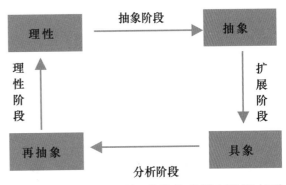

平面构成是平面设计的基础，因此，在实际的设计运用中，要对视觉的艺术语言运用有更深入的了解，要了解造型观念，训练培养各种熟练的构成技巧以及表现方法。只有培养出审美观，提升了美学修养，才能真正地提高平面设计中的创作意识和造型能力，活跃构思。

平面构成的思维过程主要分为抽象、扩展、分析和理性4个阶段，思维模式是思维结构功能化的转换形式，是将事物主体从理性、抽象、具体再折回理性的一种思维转变过程。借助思维模式示意图，可以将图形进行不断地组合、构成，从而达到不断创新的目的。

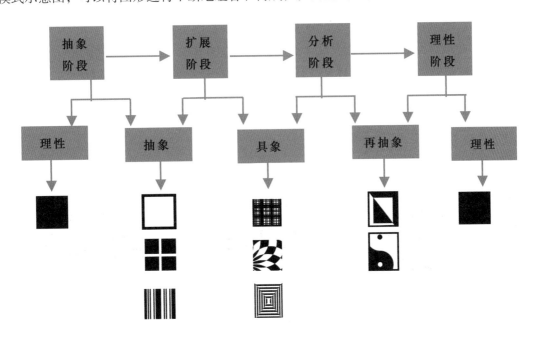

1.1.2　构成平面设计的三大理性元素

在平面构成中，视觉思维是不可能凭空产生的，它一定是通过各种抽象或具象的图形、文字、符号来传达的。这种思维不论理性的还是感性的，都是建立在对点、线、面和图形、文字、色彩等视觉元素的研究和探讨的基础上。我们通常会把平面构成的视觉元素分为理性视觉元素和形象视觉元素。其中形象视觉元素是指图形、色彩和文字，而理性视觉元素则是构成平面设计的点、线、面。

自然界万物的形态构成都离不开点、线、面，它们是平面构成的重要组成部分。由于点、线、面在构成的实际运用中具有不同的形态结构和作用，所以能表达出不同的情感特征。

1. 点

由于点的单个视觉形象表现力不强，所以需要将它与其他元素进行组合、排列。利用点的大小、排列方向和距离的变化可以设计出活泼、轻巧等富有节奏韵律感的画面。如下左图所示，将无数小图像作为点，对其进行叠加、堆积和聚合，让设计出的画面更具韵律感。

2. 线

点移动的轨迹形成了线，因此线通常会给人一种具有流向性的感觉。按照移动轨迹的不同，线又分为直线、曲线、折线以及三者的混合，线具有很强的表现力，在平面构成中有着十分重要的作用，因此被广泛运用到绘画或设计之中。如下左图所示，利用动感的曲线与车身流畅的线形搭配，使整个画面既不失稳重感又富有趣味性，恰到好处地突出了汽车的优点。

3. 面

面是由线的移动而形成的，也可以理解为在一定范围内点的扩大或聚集。轮廓线闭合的不同会产生不同的面，线闭合产生的轮廓能给人以明确、突出的感觉。如右图所示，运用同类色的图形组合成一个完整的画面，使页面具有更强的视觉形式美感。

 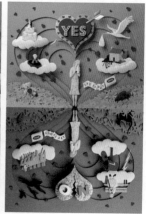

1.1.3 平面设计中的配色原则

　　色彩搭配是一项艺术性很强的工作，配色设计时除了要考虑画面本身的特点外，还应当遵循一定的配色规律、原则，这样才能设计出色彩鲜明、风格独特的作品。任何色彩的搭配，都离不开色彩的构成原理，只有把握好这些基本原理，并不断地研究、探索，才能设计出更好的作品。

　　1．无彩色配色

　　无彩色配色的页面主要用黑色、白色和灰色来表现。黑色和白色具有强烈的对比关系，而灰色是对这两者进行调和，由这3种色构成的画面能够给人视觉舒适感，同时，无彩色还能表现出较强的时尚感，为画面营造出与众不同的画面感。

　　2．同类色配色

　　同类色是指单一色相系统的颜色，分布在色相环0°～15°夹角内的颜色，它们色相性质相同但有深浅之分。同类色配色的画面中，画面色调较为单一，只能通过微妙的差异来表现统一的画面效果。在以同类色调构成的画面中，画面会呈现一种色调的倾向，这样的配色方式，重点在于寻求色彩的统一感，是一种简单、便捷的配色方法。如下左图所示为一则食品广告，画面的主色调为红色，设计者大胆地使用同类色表现，通过色调的明暗变化让食物的特征更加鲜明。

　　3．类似色配色

　　类似色相较于同类色来讲颜色范围更广，它是指分布在色相环上30°～45°以内的颜色。类似色的变化相比之下更为丰富，这样看来，类似色在保持画面协调统一的同时也不缺乏活力。采用类似色配色可形成较平缓的画面效果。在面积上或在色彩有交界处适当地制作色相差，或

利用色彩的明度变化，都能达到丰富的画面效果。如上右图所示，画面采用类似色配色的方式进行表现，通过将怀旧的黄色与绿色搭配，使画面传达出一种复古的氛围，得到更显沉稳的画面感。

4．对比色配色

对比色是指分布在色相环上大约等于120°且小于等于180°的颜色。对比配色采用色彩冲突性较强的色相进行的配色方式，如红与黄绿、红与蓝绿等。这种配色方式下的平面设计作品色相对比强烈、色彩感强，图像能够呈现出饱满华丽的效果，并且能够避免过于夸张的色彩对比造成的审美疲劳，如下左图的平面设计作品中采用对比色配色方案，充分利用红、黄、蓝等高纯度色彩的强烈对比打造出颇具节奏感和跳跃感的画面，展现出醒目的视觉效果。

5．互补色配色

色相对比双方在色相环上处于180°左右的色彩关系即为互补色对比，如红与绿、黄与紫、蓝与橙等。利用互补色配色表现的平面设计作品，其色相对比最为强烈，相较于对比色更丰富，更具有感官刺激性。如下右图所示，画面以红、绿这对互补色来营造视觉效果，两种颜色色域面积对比适当，给人以很强的刺激，画面呈现出紧张感和平衡感。

1.1.4 了解平面设计常用软件

平面设计用什么软件？工欲善其事必先利其器，要想成为一名合格的平面设计师，除了提升自身的艺术创意能力之外，熟习各种设计工具软件也是非常重要的，下面讲介绍几种常用的平面设计软件。

1．Adobe Photoshop

Adobe Photoshop 是由美国 Adobe 公司推出的一款功能强大的图形处理软件。Adobe Photoshop 不但可以独立进行图片的编辑与创建，其强大的色彩调整、图像处理功能更是让其成为设计师必选设计软件的原因之一。Adobe Photoshop 具有良好的兼容性，可以与 Illustrator、Coreldraw 等图形制作软件结合起来使用，完成更为出色的设计作品。

2．Adobe Illustrator

Adobe Illustrator 是一款较专业的矢量图形设计软件，其强大的图形创作功能受到设计师们的青睐。与 PhotoShop 制作的位图图像相比，矢量图可以在任何情况下都保持清晰的画质，即使对其进行无限缩放也不会导致图像的失真。

3．Adobe InDesign

Adobe InDesign 是一款专门用于排版的软件，利用 InDesign 可以随心所欲地安排处理画面中的文字、图像、图形，大大提升设计师的工作效率，同时，InDesign 还具备一部分图形绘制、图像处理的功能，是平面设计师不可或缺的工具。

4．CorelDraw

CorelDraw 是 Corel 公司推出的集矢量图形设计、印刷排版、文字编辑处理和高质量图像输出于一体的平面设计软件，也是深受广大平面设计人员的欢迎，其功能与 Illustrator 相似。

1.2　InDesign CS6 基础知识

学习了平面设计相关基础知识后，接下来就要学习平面设计常用软件——Adobe InDesign CS6。本节为大家介绍 InDesign CS6 的工作界面、主要功能以及常用的一些菜单、面板等。

1.2.1　认识 InDesign CS6 的软件界面

平面设计中无论是单页的广告、海报设计，还是成套的画册、书籍设计，都必须要考虑页面

标题栏：左侧为当前运行程序的名称，右侧为控制窗口的按钮

菜单栏：包括InDesign中所有的操作命令，主要包括9个菜单，每一个菜单中又包含了多个子菜单，通过应用这些命令可完成基本操作

控制面板：选取或调用与当前页面中所选项目或对象有关的选项和命令

工具箱：包括InDesign中所有的工具

状态栏：显示当前文档视图的缩放比例、当前文档的所属页面和文档所处的状态等信息

文档编辑窗口：用户可以设置的页面大小，以黑色实线表示出来

泊槽：组织和存放InDesign中的面板

中各视觉元素的搭配，InDesign 作为一款专业排版设计软件，向平面设计师提供了一个新的开放的面向对象系统，读者可以利用它完成各种不同的平面设计作品，并且可以轻松地实现跨平台的设计。打开 InDesign 软件，可以看到如上图所示的 InDesign 工作界面，它由标题栏、菜单栏、控制面板等多个部分组成。

1.2.2　菜单、工具箱和面板的介绍

使用 InDesign CS6 进行平面设计的过程中，经常会使用到一些菜单、工具及面板，下面我们会对一些常用的菜单、工具箱中的工具以及面板做简单的介绍。

1. 菜单

菜单是所有应用程序的集合，面板中的大部分选项都可以在菜单中找到。Adobe InDesign CS6 的菜单包括"文件"菜单、"编辑"菜单、"版面"菜单、"文字"菜单、"对象"菜单、"表"菜单、"视图"菜单"窗口"菜单和"帮助"菜单，如下图所示。

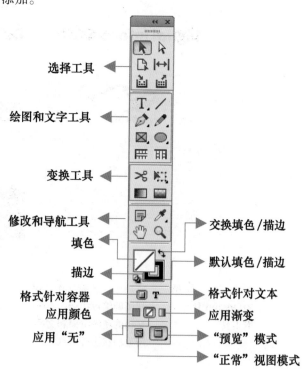

文件(F)　编辑(E)　版面(L)　文字(T)　对象(O)　表(A)　视图(V)　窗口(W)　帮助(H)

（1）"文件"菜单：主要功能为新建、打开、存储、关闭、导出和打印文件。

（2）"编辑"菜单：主要功能为复制、粘贴、查找、替换、键盘快捷键和首选项设置等。

（3）"版面"菜单：用于版心大小的调整、页码的设置等。

（4）"文字"菜单：所有关于文字的操作选项都在"文字"菜单中进行，包括设置字体、写号、字距和行距等。

（5）"对象"菜单：主要用于为图形、图像添加效果，调整对象的叠放顺序等。

（6）"表"菜单：主要用于表格的设置与添加。

（7）"视图"菜单：此菜单可以调整是否显示文档中的参考线、框架边缘、基线网格、文档网格、版面网格以及参考线等。

（8）"窗口"菜单：主要用于打开各种选项的面板，在工作界面中找不到的面板，都可以通过"窗口"菜单找到。

（9）"帮助"菜单：对于不明白的命令、选项或使用方法，可通过"帮助"菜单了解。

2. 工具箱

工具箱中集合了最常见的一些工具，主要用于选择、编辑和创建页面元素，选择文字、形状、线条和渐变。默认情况下，工具箱显示为垂直方向的单列工具，也可以将其设置为双列或单行。如果需要移动工具箱，可直接拖曳其标题栏。

在工具箱中单击某个工具，可以将其选

项，若包含隐藏工具，则可以单击工具右下角的三角形按钮，显示并选择隐藏工具。

3. 面板

面板的种类有很多，InDesign CS6 将一些常用的面板以标签的方式显示在工作界面右侧。将面板展开后，可以在面板中设置选项，可以对图像进行编辑。如果要使用更多的面板，则可以单击菜单栏的"窗口"菜单，在弹出的子菜单中选择并载入新的面板。

（1）"链接"面板

"链接"面板是 InDesign 独有的一个面板，主要用于版面中图像的链接设置，在此面板显示了当前版面中所有的链接对象以及对象链接信息，如下左图所示，如果在链接的对象旁边有一个感叹号出现，则表示链接已丢失，可以通过重新链接的方式进行对象的链接操作。

（2）"页面"面板

在 InDesign 中创建或打开一个新的文档后，在"页面"面板中会显示该文档包含的页面。在"页面"面板中显示了每个工作页面的缩览图，用户可以单击不同的页面缩览图，进行各页面之间的自由跳转，也可以单击"页面"面板下方的按钮，添加或删除页面，如下中图所示为打开的"页面"面板。

（3）"描边"面板

"描边"主要用于指定对象的描边设置。在"描边"面板中包括描边粗细、描边类型、起点和终点等选项，如下右图所示。应用 InDesign 组织和编排页面时，利用"描边"面板可以为页面中的对象指定不同粗细、类型的描边效果。

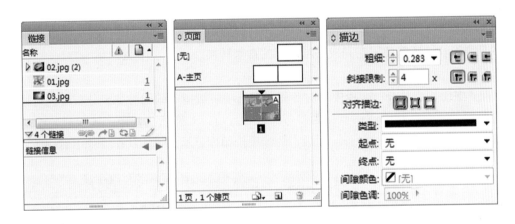

（4）"渐变"面板

"渐变"面板主要用于对渐变颜色的设置。默认情况下为黑白色渐变填充，用户可以在面板中单击颜色色标后，结合工具箱中的"填色"或"描边"按钮，为选定的对象设置渐变填充效果。如果需要添加渐变色，则需要单击进行色标的添加，如下左图所示为默认的"渐变"面板。

（5）"颜色"面板

"颜色"面板用于填充色和描边色的设置。在面板中单击填色色块，拖曳右侧的颜色滑块可为选定对象设置填充颜色，单击描边色块，启用描边，拖曳右侧的颜色滑块即可为选定对象设置描边颜色，如下中图所示为"颜色"面板。

（6）"色板"面板

"色板"面板主要用于对颜色的设置。InDesign 中的"色板"面板中提供了多种预设好的颜色，用户只需要选择对象后，单击"色板"面板中的色块进行颜色的填充设置，如果需要为对象设置描边色，则需要单击面板左上角的"描边"图标，然后再单击下方的颜色块。如下右图所示为打开的"色板"面板。在"色板"面板中，还可以将新设置的颜色添加到色板中，便于为不同的对象填充相同的颜色。

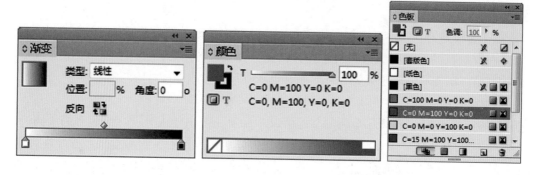

（7）"效果"面板

InDesign中"效果"面板与Photoshop中的"图层"面板有类似之处，主要用于设置图像的混合模式以及不透明度，如下左图所示，通过单击混合模式右侧的倒三角形按钮，可设置图像的混合方式，单击"不透明度"右侧的倒三角形按钮，在展现的滑块上拖曳可以调整对象的不透明度。

（8）"路径查找器"面板

"路径查找器"面板是InDeisgn中经常会使用的面板之一，打开的面板效果如下中图所示。"路径查找器"面板中包含了一组功能强大的路径编辑命令，使用"路径查找器"面板可以创建各种不同的复合形状，还能使用它完成图形之间的自由转换。

（9）"对齐"面板

InDesign中使用"对齐"面板中的对齐和分布选项可沿指定的轴对齐或分布所选对象。在对齐对象时可以使用对象边缘或锚点作为参考点，并且可以对齐所选对象、画板或关键对象。当选择需要对齐的对象后，在"对齐"面板中的选项按钮即显示为可用状态，如下右图所示。

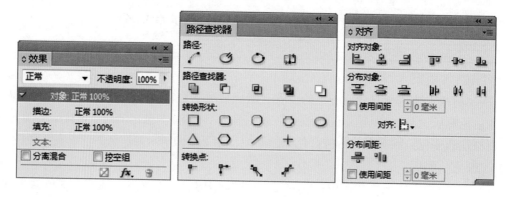

（10）"字符"面板

由于InDesign是一款专业的排版软件，因此"字符"面板是必不可少的。InDesign中"字符"面板的功能与Photoshop中"字符"面板功能相同，主要用于对文本进行编辑和修改，包括调整文字的字体、字体大小、间距等。

（11）"段落"面板

"段落"面板用于段落文本的控制，可以设置段落文本的对齐方式、指定段落缩进值以及添加文本首行缩进以及首字下沉效果。

（12）"文本绕排"面板

图文混排是很多画册、杂志、书籍经常会遇到的。InDesign 中提供了一个非常实用的"文本绕排"面板，用于为选定对象指定不同的文字绕排效果。如下右图所示为打开的"文本绕排"面板。

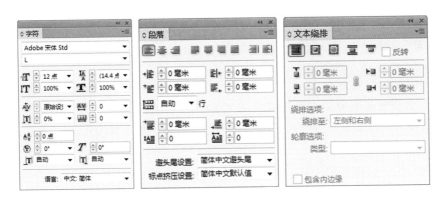

1.2.3　InDesign CS6 常用功能介绍

排版是许多印刷、出版行业中非常重要的环节，它按照编排者的意图将若干图像、图形、文字等内容通过一定的组合方式编排在同一版面。InDesign 作为常用版面设计软件之一，有一些基本的功能是平面设计师必须要掌握的，它会为我们在具体工作中提供很大的帮助。

1．文字添加与设置

文字对于任何设计作品来讲都是必不可少的，在一个页面中适当地添加文字可以起到画龙点睛的作用。InDesign 作为专业排版设计软件，文字的编辑上显得更加灵活。在 InDesign 中可以通过多种方法在页面中添加文字，方法一是置入法，执行"文件 > 置入"命令，在对话框中选择要置入的文本；方法二为复制粘贴法，复制一段文字，然后在 InDesign 中粘贴即可；方法三为拖曳文本文件法，将文本文件由资源管理器窗口拖曳到 InDesign 的空白页面中；方法四为输入文字法，用"文字工具"拖曳文本框，然后在文本框中输入文字，如下左图所示，用"文字工具"绘制文本框，在文本框中输入文字后，未更改字体和样式时，画面效果如下右图所示。

在文档中添加文字以后，还可以对文字的字体、间距、大小和颜色等进行设置。如右图所示，用"文字工具"选择文本框中的文字，结合"字符"面板和"控制"面板，对文本框中的文字做调整，变换字体以及文字颜色。

2. 对象的填充与描边

InDesign 中会将对象划分为边沿和面积两个部分，在具体的操作中，可以结合"颜色""色板""描边"面板为对象填充颜色或添加描边效果，也可以运用"渐变"面板为对象设定渐变的填充效果和描边效果。

如下图所示，用"选择工具"选中页面中需要填充颜色的对象，单击"色板"面板中的颜色，使单击颜色应用于所选对象上，如下右图所示。

如果需要为对象指定描边颜色，同样可以在"色板"面板中进行设置，单击"色板"中的"描边"按钮，如左图所示，然后单击下方列表中的颜色，设置描边效果，在"控制"面板中对描边粗细进行调整，得到描边效果。

TIP: 使用"颜色"面板更改填充/描边颜色

InDesign 中除了可以使用"色板"面板更改填充/描边颜色外，也可以使用"颜色"面板来实现。如果需要更改填充色，则在选择对象后单击"颜色"面板中的"填色"图标，再拖曳颜色滑块进行设置；如果需要更改描边颜色，则单击"颜色"面板中的"描边"图标，再拖曳颜色滑块更改描边颜色。

3．复合路径的创建

用 InDesign 中的图形绘制工具不但可以绘制简单的矩形、方形、圆形图形，还可以创建复合形状的图形。复合形状可以由简单路径、复合路径、文本框架、文本轮廓或是其他形状组成。复合形状的外观则取决于所选的"路径查找器"按钮。打开"路径查找器"面板，在面板中的"路径查找器"选项区，可以看到"添加""减去""交叉""排除重叠"和"减去后方对象"5 个按钮，如右图所示。

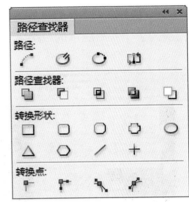

在"路径查找器"选项区单击"添加"按钮，将跟踪所有对象的轮廓以创建单个形状；单击"减去"按钮，则会从前景的对象在底层的对象上进行"打孔"；单击"交叉"按钮，将从重叠区域创建一个形状；单击"排除重叠"按钮，将从不重叠的区域创建一个形状；单击"减去后方对象"按钮，则从后面的对象在最顶层的对象上"打孔"。下面的几幅图像分别展示了单击这些按钮后创建的图形效果。

4．图形的转换

使用"路径查找器"面板不但可以创建复合形状，还可以在各种简单的图形之间进行转换。打开"路径查找器"面板后，在面板中的"转换形状"选项区，添加了"转换为矩形""转换为圆角矩形""转换为斜角""转换为反向圆角矩形""转换为椭圆""转换为三角形""转换为多边形""转换为直线"和"转换为垂直或水平直线"多个按钮，通过单击这些按钮，可完成图形之间的快速转换。

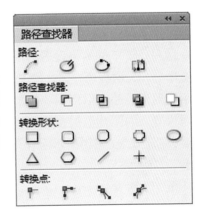

如下左图所示，在文档页面中用"选择工具"选中绘制好的图形，打开"路径查找器"面板，单击面板中的"转换为斜角"按钮 ⬭，如下中图所示，单击按钮后我们可以看到被选择的矩形转换为了下右图所示的效果。

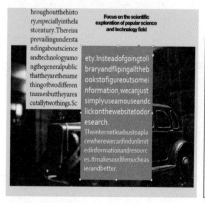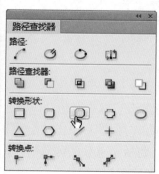

5．获取图片调整其大小

　　InDesign 中不但可以进行图形的绘制，通过执行"文件 > 置入"菜单命令或直接将图片拖入 InDesign 中也可以对位图图像进行调整。在 InDesign 中，所有置入的图形都是有外框的，因此在调整图片大小时需要注意，是需要同时调整图像及外框，还是只需要单独对图像大小进行调整。如下图中的三幅图像，第一幅为置入的原始图像效果，分别调整图像及外框，以及单独调整图像得到了另外两幅图像效果。

　　InDesign 虽然没有 Photoshop 那么强大的图像处理功能，但是也能对图片做一些简单的效果设置。用户可以应用"效果"面板调整图片的混合模式、不透明度，还可以使用"效果"对话框为置入的图片添加投影、斜面和浮雕、羽化效果，右图所示为打开的"效果"对话框。

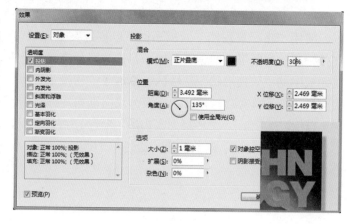

6．设置自由的文本绕排效果

图文混排可以说是排版设计时最常用的功能之一，它不仅让版面变得更加灵活，还能提高页面的可读性，增强其表现力和说服力。InDesign 为图文混排设定了一个单独的"文本绕排"面板，在该面板中添加了"无文本绕排""沿定界框绕排""沿对象形状绕排""上下型排""下型绕排"5 个绕排按钮，用于指定不同的文本绕排方式。当我们单击不同的按钮后，在页面中的图像就会根据单击的按钮，设置出不同的文本绕排效果，下面的几幅图像分别向大家展示了不同绕排方式下所获得的版式效果。

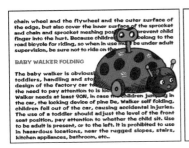

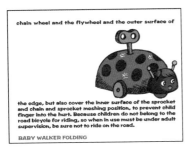
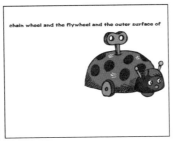

TIP: 调整位移

设置文本绕排效果后，还可以在"文本绕排"面板中的"上位移""下位移""左位移"和"右位移"文本框中输入数值，调整位移大小。

7．图像的链接

使用 InDesign 编辑页面时，每置入一张图片 InDesign 就会自动建立与原图之间的链接，并且会在"链接"面板中显示图像缩览图。当我们对已置入图像进行重新编辑后，InDesign 会根据图像自动进行更新操作，如果图像被损坏或丢失时，在"链接"面板中就会显示惊叹号图标，提示用户重新指定链接或替换新的链接，即单击面板底部的"重新链接"按钮进行链接。

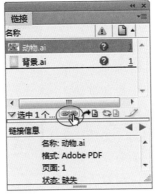

8．表格的设置

　　InDesign 具有非常强大的表格功能，它可以直接置入在 Word 中绘制的表格，甚至还可以直接复制粘贴，并且可以进行进一步的编辑、调整。为了便于处理表格对象，InDesign 提供了一个单独的"表"菜单和"表"面板，对表格的所有调整都可以利用它们来实现。如下左图所示，在页面中用"文字工具"绘制文本框，置入一个简单的 Word 表格，对表格的单元格颜色、描边效果进行设置后，得到了如下右图所示的精美的表格效果。

 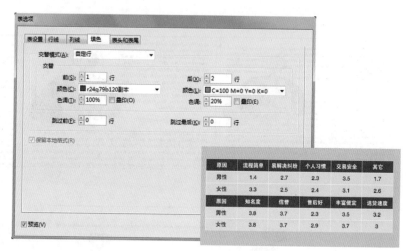

1.3　InDesign CS6 基础操作

　　学习使用 InDesign 进行平面设计之前，掌握一些简单的软件基础操作是非常重要的，其中包括文档、书籍、库文件的创建，页面的添加与删除，调整页面的大小等。本节会对这些知识进行一个详细的介绍。

1.3.1　新建空白文档

　　启动 InDesign 后，系统会弹出一个如右图所示的对话框，在该对话框中的"新建"区域中显示了"文档""书籍""库"3 个按钮，单击这 3 个按钮，可以分别用于创建新的文档、书籍以及库。

　　新建空白文档是运用 InDesign 进行平面设计的基础。通过菜单命令可以在工作界面中快速创建一个空白文档，文档的大小、页数等属性都可以由用户自定义。单击如上图所示的界面中的"文档"按钮，或执行"文件 > 新建 > 文档"菜单命令，如下左图所示，打开"新建文档"对话框，在对话框中

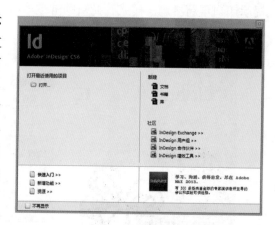

的"页数"文本框中输入文档的页数，并设置页面的显示方式，再单击"页面大小"下拉按钮，选择纸张的大小，或者也可以在"宽度"和"高度"数值框中输入准确数值，自定义纸张的大小，

设置文档大小后，用户还可以选择纸张显示的方向和出血的多少。

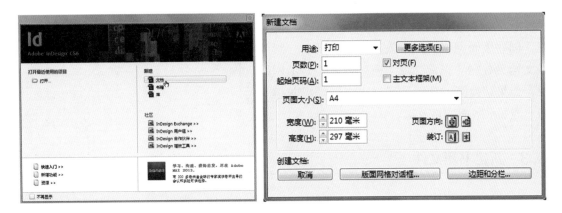

　　完成设置后单击"新建文档"对话框中的"边距和分栏"按钮，打开"边距和分栏"对话框，在对话框中对页面边距进行调整，并指定新建文件的分栏数，如下左图所示，如果需要在创建的文档各边设置不同的边距，则单击对话框中的链接图标，取消链接，然后再分别在各数值框中输入相应的数值即可，设置好以后单击"确定"按钮，将在 InDesign 中创建一个新的空白文档，如下右图所示。

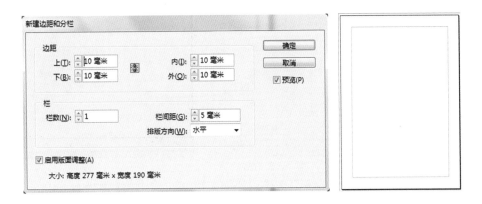

1.3.2　新建版面网格文档

　　使用"新建文档"对话框不但可以创建新的空白文档，还可以创建新的版面网格文档。在"新建文档"对话框中，单击"版面网格对话框"按钮，如下左图所示，会打开"新建版面网格"

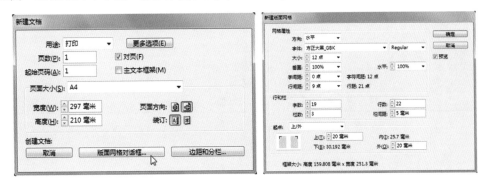

对话框，在此对话框中可以对网格属性、字体、大小、栏数以及起点的相关参数进行设置，如下右图所示。

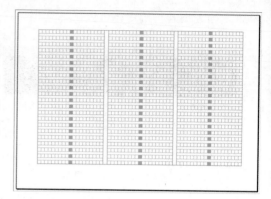

　　根据需要完成网格属性的设置后，单击"确定"按钮，创建版面网格文档，效果如右图所示。版面网格文档只有在"正常"视图模式下才能显示网格效果，如果切换至"预览"或"出血"等视图模式下将不能显示版面网格效果。

1.3.3　新建书籍文件

　　书籍文件是一个可以共享样式、色板、主页以及项目的文档集，可以按顺序为书籍内的文档编入页面编号、打印书籍中选定的文档或者是将其导成 PDF 格式的文件。在 InDesign 中如果需要创建新的书籍文档，可以单击初始页中的"书籍"按钮或执行"文件 > 新建 > 书籍"命令，打开"新建书籍"对话框，在对话框中指定书籍名、存储位置，如下左图所示，设置后单击"保存"按钮，创建书籍文件。创建书籍文件后将显示"书籍"面板，如下右图所示。

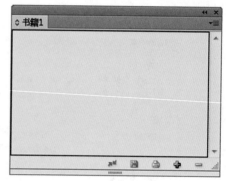

　　创建书籍文件后，可以向创建的书籍文件中添加文档，单击"书籍"面板右下角的"添加文档"按钮，如下左图所示，将弹出"添加文档"对话框，在对话框中找到要添加的文档页面，如下右图所示，单击"打开"按钮将选择的文档添加至书籍中。

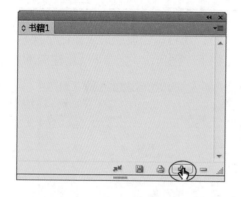
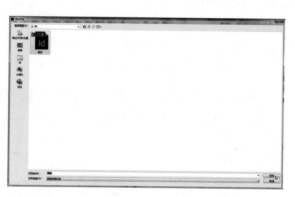

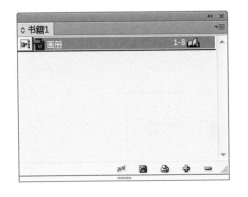

添加书籍后，被添加的文档会显示在"书籍"面板中，在面板中双击添加的文件，文件将处于打开状态，如左图所示，此时会在书籍右侧显示一个"已打开"图标 📖。

1.3.4 新建库文件

在 InDesign 中，如果要重复使用一个或多个文档中的对象，如图形、文本或整个页面时，就可以创建一个文件库，将这些需要重复使用的对象添加到"库"中，当需要使用这些对象的时候，只需要将其从库中调出即可。

创建库文件时，执行"文件 > 新建 > 库"菜单命令，打开"新建库"对话框，在对话框中的"保存在"下拉列表中选择要保存的位置；在"文件名"下拉列表框中输入文件名；在"保存类型"下拉列表中选择文件的保存类型，如下左图所示，设置后单击"保存"按钮即可创建库文件，同时会显示如右图所示的"库"面板。

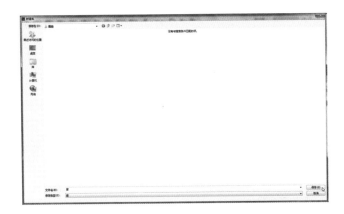

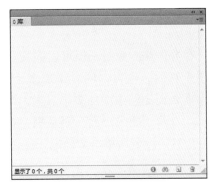

1.3.5 增加单个或多个页面

使用 InDesign 不但可以完成单页海报、广告设计，还可以完成成册的杂志或书籍的设计。当我们运用 InDesign 创建包含多页的设计作品时，就需要进行多个页面的编辑与设置。在 InDesign 中可以向创建或正在编辑的文档中添加单个或多个页面。

向页面添加单个页面，可以有多种方法来实现。方法一是执行"版面 > 页面 > 添加页面"命令添加页面；

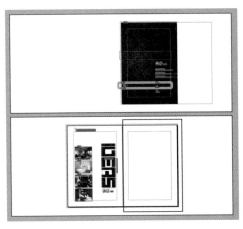

方法二是单击"页面"面板右下方的"创建新页面"按钮 添加新页面。

如下图所示，创建包含 2 个页面的文档，执行"版面 > 页面 > 添加页面"命令，在文档最后添加一个空白的文档页面，效果如下图所示。

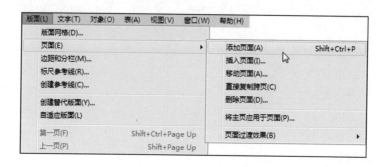

执行"添加页面"命令只能在文档末尾添加一个新的文档页面，如果我们需要指定添加页面的位置时，就需要使用"页面"面板进行添加。添加页面前，在"页面"面板中的要添加一个空白页面的文档页面上单击，选中页面，单击"页面"面板右下角的"创建新页面"面板 ，选择的页面后方就会添加一个新页面。如右图所示,选择页面"1",单击"创建新页面"按钮 后，在页面"1"后添加一个新页面。

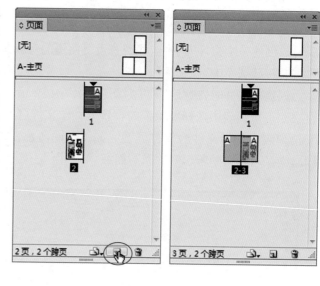

在 InDesign 中，不但可以向文档中添加单个页面，也可以同时添加多个页面。

如果需要在文档中增加多个页面，则可以执行"版面 > 页面 > 插入页面"菜单命令，如下左图所示，打开"插入页面"对话框，在对话框中输入要插入的页数，如右图所示，并指定插入页面的位置。设置后单击"确定"按钮将会在指定的页面后方插入多个页面。

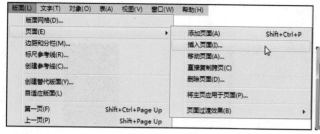

如果觉得使用菜单命令插入页面很麻烦，也可以使用"页面"面板进行多个页面的插入。在"页面"面板中单击右上角的扩展按钮 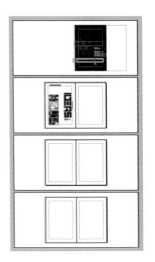，打开"页面"面板菜单，在该菜单下执行"插入页面"命令，同样打开"插入页面"对话框，在对话框中输入选项，插入页面，效果如右图所示。

> **TIP: 编辑页面大小**
>
> 在文档中插入页面后，还可以对插入页面的大小进行调整。在"页面"面板中选中要调整大小的页面，单击"页面"面板底部的"编辑页面大小"按钮，在弹出的快捷菜单中即可单击并选择合适的页面大小。

1.3.6 删除页面或跨页

在文档中添加多个页面后，如果对设置的效果不满意，还可以将这些页面删除。在删除页面前，首先在"页面"面板中选中要删除的页面或跨页，如下左图所示，选择了跨页 2 ~ 3，选择页面后单击"页面"面板右下角的"删除选中页面"按钮，单击按钮后，弹出如下中图所示的"警告"对话框，询问是否要同时删除页面中的内容，如果单击"确定"按钮，那么被选中的页面从"页面"面板中删除，删除后效果如下右图所示。

Chapter 02

商业卡片设计

卡片是人们增进交流的一种载体，是传递信息、交流情感的一种方式。卡片设计的种类很多，一般包括名片、贵宾卡、贺卡以及邀请函等。一张好的卡片可以提升持有者的企业或个人形象，使人产生好感。在卡片设置中，排版是一个非常重要的环节，即使没有创意的应用，一个好的卡片本身也是一个好的版式设计。

本章通过对卡片设计的一些要点进行分析，并结合多个卡片设计实例，使读者学会应用 InDesign 完成卡片设计。

本章学习重点：

- 文字的输入
- 文本属性的更改
- 设置文本颜色
- 文字的对齐设置
- 添加特殊字符效果

2.1　卡片设计的内容及特点

在各类卡片设计中，只有遵循卡片设计的基本规律，才能设计出一张优秀的卡片作品来。商业卡片的设计主要表现主体的意识和个性，强调人的主观感情，其艺术的形式意识特别突出，表现方式也非常灵活。

卡片的版面特点为规格小，但设置元素却俱全。其视觉元素中属性造型要素有插图、标志、商品名、饰框、底纹、线条等；属性文字构成要素有公司名、标语、人名、联络方式等；其他相关要素有色彩、构成等。卡片的版式主要用水平形、垂直形、斜形、十字形和交叉形等，如下图所示。

根据卡片的编排特点，设计时需要注意以下几点。

（1）在进行卡片版式编排前，首先要了解卡片挂有人或用户的基本信息，如身份、职业、喜好、单位以及其单位的性质等。

（2）设计前需要考虑后期制作所选用的卡片纸张类型和颜色，这些与后期效果有很大的关系。

（3）卡片设计一般以文字为主的形式居多，图形在卡片中居于次要地位，主要联络信息的文字一般控制在 5~9 号之间，文字突出但不要太过夸张，弱化但要可见。

（4）卡片的设置以简洁、明确、可读为设计的基本要求。设计时不要忘记卡片的本质作用，不要因为增加无意义的图形、线条、符号等破坏版面的文字信息，同时也不要把字体、颜色用得过于复杂。

（5）卡片最主要的文字信息是非常重要的，不能处理得不能识别。

（6）卡片设计分为单色或黑白卡片设计、限色设计、全色设计等，不同的形式输出要求不一样，收费也不同，设计的风格和要求也不尽相同。

2.2　卡片的印刷工艺

为了追求最佳的视觉感受，让制作的卡片呈现更好的效果，常常会运用各种印刷后期加工工艺对卡片做进一步的加工。做为设计者，应该对卡片的后期印刷工艺有一定的了解，并且设计时灵活运用，这样才能让卡片得到更精致的效果呈现。

1．上光

卡片上光可以增加其耐磨性和观赏性。一般卡片上光常用的方法有上普通树脂、涂塑胶油

（PVA）、裱塑胶膜（PP或PVC）、裱消光塑胶膜等。以上这些上光方式，均可提升印刷的精致度，如下图两幅图像即为上光后的卡片效果。

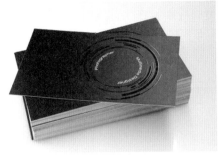

2．轧型

轧型即为打模，以钢模刀加压卡片切成不规则造型，此类卡片尺寸大多数不同于传统尺寸，变化性较大，如下左图所示。

3．凹凸纹饰

在纸面上压出凹凸纹饰，以增加其表面的触觉效果，这类卡片常具有浮雕的视觉感，如下中图所示。

4．打孔

打孔类似于活页画本穿孔，有一种缺陷美，如下右图所示。

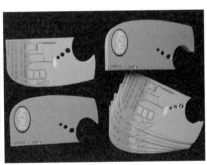

5．烫金

为加强表面视觉效果，把文字或纹样以印模加热压上金箔、银箔等材料，形成金、银等特殊光泽。虽然在平版印刷内也有金色和银色的油墨，但油墨的印刷效果无法像烫金后的效果那么鲜艳美丽，不能表现卡片的价值感，如下两幅图像所示为分别采用了烫金色和银色后制作出的卡片效果。

2.3 个人名片设计

前面对卡片设计的内容、要点以及一些相关的后期制作工艺进行了介绍，接下来本小节将学习应用 InDesign 的文字编辑功能制作一个简单的个人名片。

【实例效果展示】

【案例学习目标】

学习在 InDesign 中进行基础文字的处理，包括文字字体的选择、字号的调整、字符的间距调整等。

【案例知识要点】

使用"文字工具"输入横排文字效果、使用"字符"面板更改文本颜色、用"字符"面板更改文字属性。

【创作要点：留白突出文字】

留白是指在版面中巧妙地留出空白区域，用留白的空间来衬托主题，将读者视线集中在主体上。留白在名片设置中运用很多，本章中所设置的名片即运用了留白的视觉传达手法，使版面更富有空间感，给人以丰富的想象空间，同时这样的留白空间中的文字信息也更加醒目，给人留下更深刻的印象。

素材：随书光盘 \ 素材 \03\01.cdr、02.jpg
源文件：随书光盘 \ 源文件 \03\ 名片设计 .psd

【设计制作流程】

○ 首先确定名片的尺寸大小，新建两个文档页面用于名片正面和名片背面的设计，并在其中第一个页面中进行名片背面的设计；

○ 将名片背面中的一些视觉元素复制到另一个文档页面，结合文本工具调整文本的颜色和大小，完成名片正面的设计；

○ 创建新的文件，把设计好的名片背面和正面效果图复制到文件中进行排版，展示完整的名片设计效果。

2.3.1 文字的输入

Step 01: 启动 InDesign CS6 应用程序，执行"文件 > 新建 > 文件"菜单命令，设置"页数"为 2，"宽度"为 55，"高度"为 90mm，单击"边距和分栏"按钮，设置上、下、左、右边距为 3，如下图所示，单击"确定"按钮，新建文件。

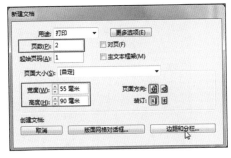
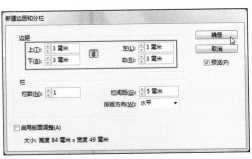

Step 02： 新建文件后，打开"页面"面板，在面板中会显示创建的两个空白页面，单击页面 A，切换至页面 A，显示新建的空白文件效果，如右图所示。

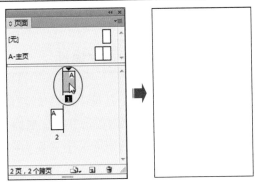

Step 03 : 运用图形绘制工具绘制一个绿色的矩形，执行"文件 > 置入"菜单命令，置入"随书光盘\素材\第2章\01.ai 花纹素材，并在"效果"面板中将混合模式改为"滤色"，"不透明度"设为11%，降低不透明度，使花纹叠加至矩形内部，如左图所示。

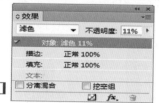

Step 04 : 选择工具箱中的"文字工具"，在画面中单击并拖曳鼠标，绘制一个文本框，用于输入名片中的文字信息，如下图所示。

Step 05 : 绘制文本框以后，会在文本框的起始位置显示一个光标插入点，此时单击并输入字母 WEDDING，输入后单击工具箱中的任意工具，查看输入的文字效果，如下图所示。

Step 06 : 继续使用同样的方法，运用"文字工具"在页面中绘制更多的文本框，然后在文本框中输入相应的文本信息，如右图所示。

> **TIP: 文本的复制**
>
> 当运用文字工具输入文字后，如果需要复制文本框中的文字，可以运用"选择工具"选中文本框，执行"编辑 > 复制"菜单命令，或按下快捷键 Ctrl+C，复制文本，再执行"编辑 > 粘贴"菜单命令，或按下快捷键 Ctrl+V，粘贴文本。

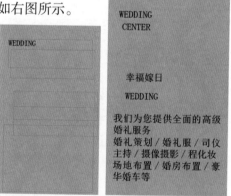

2.3.2 选择并更改文字属性

Step 01 : 单击工具箱中的"文字工具"，在更改字体和字号的文本框内单击并拖曳鼠标，选中文本框中的文字，此时被选中的文字会显示为反相效果，如右图所示。

Step 02：执行"文字 > 字符"菜单命令，或按下快捷键 Ctrl+T，打开"字符"面板，在面板中显示了当前选中文字的字体、字号以及字符间距等信息，这里我们先要对文字的字体进行调整，单击"设置字体"下拉按钮，在展开的列表中单击"方正大黑—GBK"字体，把文字由默认的"宋体"改为"方正大黑—GBK"字体，如下图所示。

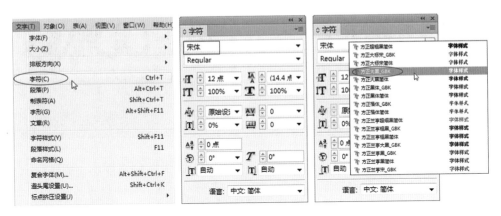

Step 03：在"字符"面板完成文字字体的更改后，在版面中可以看到更改后的文字显示为较粗字体效果，单击页面中的其他任意位置，即可退出文字编辑，显示设置的文字效果，如左图所示。

Step 04：单击选中文本框，在"字符"面板中继续进行设置，单击"字体大小"选项右侧的下拉按钮，在展开的下拉列表中选择"30 点"选项，把文字字号从 12 号更改为 30 号，放大文字后由于文本框太小，文字显示为溢流文本，此时如果要显示出文本框中的文字，单击并拖曳文本框，调整其大小，如下图所示。

Step 05：单击"字符"面板中的"字符间距"旁边的下拉按钮，在展开的下拉列表中选择"–100"选项，把字符间距由 0 调整为 –100，如下图所示。

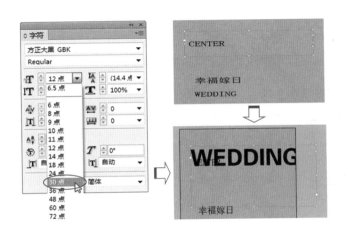

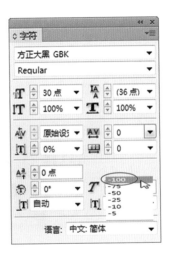

Step 06：设置字符间距后，返回页面，可以看到文本框中的文字变得更为紧凑，如下图所示。

Step 07：执行"对象 > 适合 > 使框架适合内容"菜单命令，调整文本框大小使其适合于文本大小，如下图所示。

Step 08：单击工具箱中的"选择工具"按钮，单击字母 CENTER，选中文本框及文本框中的文字，执行"文字 > 字符"菜单命令，打开"字符"面板，在面板对文字字体进行设置，单击"设置字体"下拉按钮，在展开的下拉列表中选择"方正大黑—GBK"字体，把文字由默认的"宋体"改为"方正大黑—GBK"字体，如下图所示。

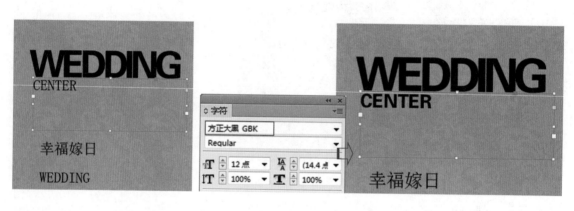

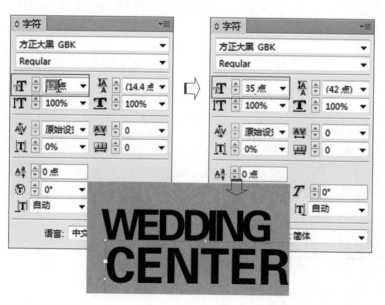

Step 09：接下来继续对文字的大小进行设置，双击"设置字号"选项，将光标插入点放置到文本框中，在文本框中输入文字的字号为 35 点，设置后单击页面中的任意位置，退出文字编辑，显示调整文字大小后的效果，如左图所示。

Step 10： 单击工具箱中的"文字工具"按钮 T，在更改字体和字号的文本框内单击并拖曳鼠标，选中文本框中的文字，此时被选中的文字会显示为反相效果，如右图所示。

2.3.3　更改文字色彩

Step 01： 单击工具箱中的"文字工具"按钮 T，在更改字体和字号的文本框内单击并拖曳鼠标，选中文本框中的文字，此时被选中的文字会显示为反相效果，如下图所示，打开"色板"面板，单击面板中的"纸色"，把选中的文字颜色更改为纸色。

Step 02： 单击页面中的其他区域，查看设置后的文字，可以看到原来黑色的文字更改为了白色效果，如左图所示。

Step 03： 单击工具箱中的"文字工具"按钮 T，继续在文字上面单击并拖曳鼠标，选中字母 CENTER，如下图所示。

Step 04：打开"色板"面板，单击面板中的"纸色"把文字更改为白色效果，如下图所示，继续使用同样的方法，对名片中的其他文字颜色也进行设置，使页面中的文字都更改为白色，效果如右图所示。

Step 05：单击"选择工具"按钮，选择"选择工具"，按住 Shift 键不放，依次单击页面中的文字对象，将其同时选中，打开"对齐"面板，单击"水平对齐"按钮，对齐文字，如下图所示。

Step 06：用"选择工具"单击页面底部的段落文字将文本选中，执行"文字 > 段落"菜单命令，打开"段落"面板，单击面板中的"居中对齐"按钮，如下图所示，对齐文本框中的段落文本。

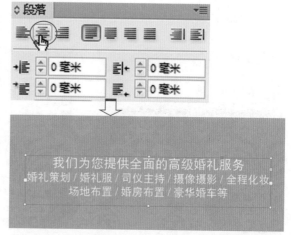

2.3.4 下划线文字的设置

Step 01：单击工具箱中的"文字工具"按钮，在文本框中单击并拖曳鼠标，把第一排文字"我们为您提供全面的高级婚礼服务"选中，显示反相状态，如右图所示。

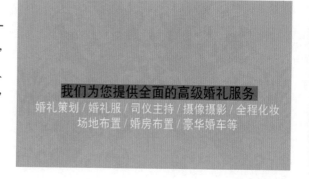

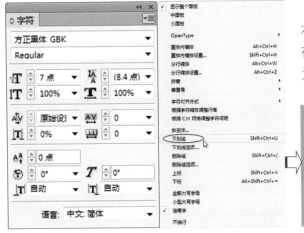

Step 02： 打开"字符"面板，单击面板右上角的扩展按钮▾≣，打开"字符"面板菜单，在菜单中单击"下划线"命令，如左图所示，为选中的文字添加下划线效果，如下图所示。

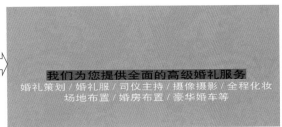

Step 03： 打开"字符"面板，单击面板右上角的扩展按钮▾≣，打开"字符"面板菜单，在菜单中单击"下划线选项"命令，如左图所示，打开如下图所示的"下划线选项"对话框。

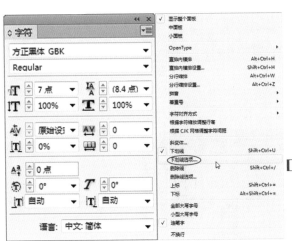

Step 04： 在对话框中可看到启用下划线效果，在此我们需要调整下划线的粗细，单击"粗细"下拉按钮，在展开的列表中单击"1点"选项，如下图所示。

Step 05： 单击"下划线选项"对话框中的"位移"下拉列表，对下划线的位置进行调整，把"位移"设置为"3点"，如下图所示，加宽下划线与文字的间距。

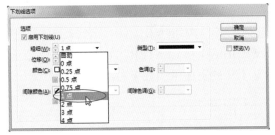

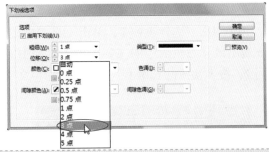

TIP: 下划线的添加

　　在 InDesign 中，如果需要为文字添加下划线效果，可以单击"字符"面板右上角扩展按钮▾≣，在弹出的菜单中单击"下划线"命令添加默认下划线，也可以单击"下划线选项"命令，打开"下划线选项"对话框，在对话框中勾选"启用下划线"复选框，进行下划线的添加与设置。

Step 06：单击"颜色"下拉按钮，在打开的"颜色"列表中把颜色设置为 C37．M15．Y95．K0，如下左图所示，再单击"确定"按钮，返回页面，查看调整后的下划线效果，如下右图所示，设置后把随书光盘 / 素材 /Charpter02/02.ai 变形的编辑后的文字"喜"字置入文档中间位置。

2.3.5 名片正面的制作

Step 01：打开"页面"面板，单击面板中的页面 2，显示另一个页面，选择"矩形工具"，在页面中绘制一个矩形框，打开"颜色"面板，在面板中把矩形轮廓线颜色设置为 R150．G150．B150，如右图所示。

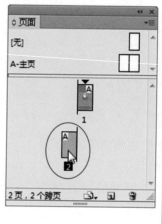
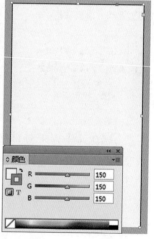

Step 02：选择页面 1，单击工具箱中的"选择工具"按钮 ，选中"选择工具"，按住 Shift 键不放，在页面中的文字上单击，选中字母 WEDDING 和 CENTER，如下左图所示，单击页面 2，按下快捷键 Ctrl+V，把选中的白色文字粘贴于新的页面中，如下右图所示。

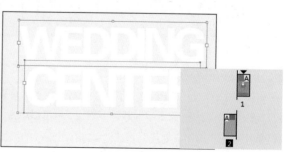

Step 03：单击工具箱中的"文字工具"按钮 **T**，在字母 WEDDING 上单击并拖曳鼠标，选中字母使其显示为反相效果，如下图所示，再单击"色板"面板中的"黑色"，把选中的文字更改为黑色。

Step 04：单击工具箱中"文字工具"按钮 **T**，在字母 CENTER 上单击并拖曳鼠标，选中字母使其显示为反相效果，如下图所示，再单击"色板"面板中的"黑色"，把选中的文字更改为黑色。

Step 05：用"选择工具"单击选中 WEDDING，执行"窗口 > 效果"菜单命令，打开"效果"面板，在面板中把"不透明度"设置为 15%，降低文字的不透明度，如左图所示。

Step 06：继续使用同样的方法，对 CENTER 进行设置，降低其不透明度，然后运用"文字工具"在页面中的其他位置输入更多的名片信息，效果如左图所示。

Step 07：单击工具箱中"文字工具"按钮 **T**，在最后一行文字"服务一生一次 / 回忆一生一世"上单击并拖曳鼠标，选中文字对象，被选中的文字显示为反相效果，如下图所示。

Email:wenlin@yin.com
QQ: 275954155
四川成都总部
成都市西区成祥路二段 125 号金港花园 A 座
28-571-88910081
自贡城东分部
自贡市金华区解放东路 2 号新意大酒店 1 楼婚礼中心
31-271-82564165
服务一生一次 / 回忆一生一世

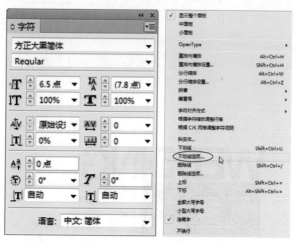

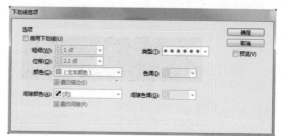

Step 08：打开"字符"面板，单击面板右上角的扩展按钮，打开"字符"面板菜单，在菜单中单击"下划线选项"命令，如左图所示，打开如下图所示的"下划线选项"对话框。

Step 09：勾选"启用下划线"复选框，启用下划线效果，启用下划线后在对话框下方的选项显示为可调整状态，如左图所示。

Step 10：在对话框中将下划线"粗细"设置为"1点"，单击下划线的"位移"设置为2.1点，把下划线颜色设置为灰色，"类型"为"虚线2-3"，如右图所示。

Step 11：返回图像窗口，可以看到为文字添加的下划线效果，如下图所示，执行"文件/置入"菜单命令，把设计好的"喜"字添加到画面中，然后在下方对文字的颜色进行更改，得到更丰富的名片色彩，如右图所示。

2.3.6　名片效果的展示

Step 01：创建新文件，将随书光盘 / 素材 /03.jpg 木纹素材置入页面中，然后选中"矩形工具"，在页面右侧绘制一个黑色的矩形，如右图所示。

Step 02：选中前面制作好的名片，分别将名片正面和背面效果编组，然后把它们复制到文档中，运用前面所讲知识调整名片及名片中的文字大小，展示完整的名片正面和背面效果，如右图所示。

Step 03：单击"选择工具"按钮，同时选中木纹图像上的名片图像，执行"对象 > 效果 > 投影"菜单命令，打开"效果"对话框，在对话框中设置选项，如下图所示，为名片添加投影效果。

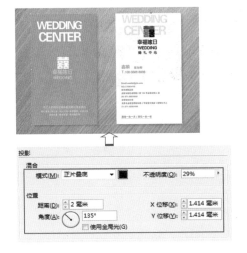

Step 04：复制添加投影后的名片图像，执行"编辑 > 变换 > 垂直翻转"菜单命令，垂直翻转图像，用"选择工具"把复制的图像移至原名片下方，单击"渐变羽化工具"按钮，从复制名片上方向下拖曳鼠标，设置渐变羽化，将图像创建为倒影效果，如下图所示。

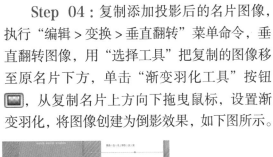

2.4　举一反三

通过前面的学习，我们学习了名片的设计与制作，掌握了基础的文字编辑与设置，下面利用所学知识对制作的名片做调整，运用所学知识对名片中的文字大小、字体以及颜色做局部调整，制作出不同视觉效果的名片，效果如下图所示。

操作要点：

1. 用"文字工具"选择文本框中的文字对象；

2. 对名片主体文字的字体进行更改；

3. 将文字颜色更改为与标志颜色更一致的色彩效果。

源文件：随书光盘 \ 举一反三 \ 源文件 \02\ 个人名片设计 .indd

2.5　课后练习——VIP 贵宾卡设计

本章主要讲解了卡片的设计与制作方法以及 InDsign 中的基础文字的设置，大家可以学习到文字的输入、文本的设置、文本颜色的更改以及文字的快速对齐等，下面我们再通过课后练习题的方式来巩固前面所学知识，学习制作一个简单的 VIP 贵宾卡。

操作要点：

1. 在打开的素材图像中，应用文字工具在名片中间输入文字；

2. 运用"字符"面板调整输入文字的属性，包括字体、大小等；

3. 选中文本对象，使用"颜色"面板更改文字颜色；

4. 将贵宾卡上的文字和花纹等元素进行编组设置；

5. 旋转图像添加上投影，展现更有立体感的卡片效果。

素材：随书光盘 \ 课后练习 \ 素材 \02\01．02．03.ai
源文件：随书光盘 \ 课后练习 \ 源文件 \02\VIP 贵宾卡设计 .indd

Chapter 03

DM 单设计

DM 单也称为直邮广告，它通过邮寄、赠送等形式将宣传品送到消费者手中、家里或是公司所在地。DM 单具有直接、快速、成本低、认识度高等优点，它为商家宣传自身形象和商品提供了良好的载体。DM 单可以将广告信息传送给真正的受众，达到更为直接有效的宣传。

在本章中会对 DM 单的种类、设计要点以及具体的制作方法进行讲解，结合简单实用的实例让大家了解如何设计出精美的 DM 单效果。

本章学习重点：

- 文字的转曲
- 对文字进行自由变形
- 文字与图形的组合
- 文字效果的设置
- 文字的复制与更改

3.1　DM 单的种类

DM 是英文 direct mail advertising 的缩写，直译为"直接邮寄广告"。因为 DM 单的设计表现自由度较高，同时运用范围也非常广泛，所以 DM 单的表现形式也呈现了多样化。一般情况下，DM 单设计可以分为传单型、册子型和卡片型 3 种。

1. 传单型

传单型的 DM 单也被称作单页 DM 单，它主要用于促销等活动的宣传或新产品上市等实效性较强的事件的宣传。单页 DM 单尺寸灵活多变，设计时要突显宣传内容。如下两幅图像所示均为酒楼单页 DM 单，条形折叠的设计方便于人们随身携带，根据不同的产品特色选择了不同的色彩搭配方式，给人眼前一亮的感觉。

2. 册子型

册子型的 DM 单主要用于企业文化、企业产品信息的详细介绍，一般由企业直接邮寄给旗下产品的目标消费群，或者是曾经购买过其产品的消费者，用于加深企业在消费者心中的印象，向人们提供更为全面的产品信息介绍。如下左图所示的册子型 DM 单中，采用了紧凑的版面设计方式，高反差的色彩对比让册子更具有吸引力；右图则为大型卖场所设计的册子型 DM 单，画面采用紧凑的编排方式，详细介绍了不同的产品，读者能够从中获得更多的产品信息。

3. 卡片型

卡片型 DM 单设计新颖，制作精致，它除了以邮寄、卖场展示等方式出现，起到同单页 DM 单和册子型 DM 单相同的企业形象和产品系统信息宣传推广外，还可以以贺卡、明信片等多种方式出现，如下图所示即为卡片型 DM 单效果。

3.2 DM 单设计的要点

DM 被称为直邮广告，通常由 8 开或 16 开广告纸正反面彩色印刷而成，具有直接、快速等特点，为商品宣传自身形象和产品提供了更好的载体。我们在开始设计 DM 单之前，首先需要了解 DM 单设计的要点，其中主要包括内容新颖、主题醒目、切合实际产品特征等。

1. 内容新颖别致，制作精美

DM 单具有强烈的选择性和针对性，所以在设计时，应该做到内容新颖别致，利用精美的制作方式吸引受众，让人不舍得丢弃，这样才能确保其有吸引力和保存价值，如下左图所示，在该 DM 单中运用同类色的图案搭配，使得设计更富有新意。

2. 主标题醒目

DM 单篇幅相对较小，不仅需要表现出宣传的详细内容，同时也需要一个醒目的标题。好的标题是作品成功的一半，响亮的标题不仅会给人耳目一新的感觉，而且还会产生较强的诱惑力，引发读者的好奇心，吸引他们不由自主地看下去，如下右图所示。

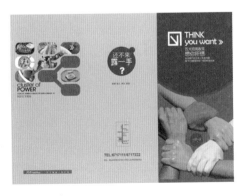 

3. 突出产品的优点

设计人员在设计 DM 单时，需要对宣传推广的商品有一个全面的了解，根据了解的商品的特点进行设计，选择独特的表现方式，凸出商品优势来吸引人们的视线，下面两幅图像中，我们可以看到画面中将文字与图片相搭配，把产品特点表现出来，达到了更好的产品推广效果。

3.3　餐饮 DM 单设计

介绍了 DM 单的分类和设计时的注意要点后，接下来在本小节中将学习制作一个餐饮美食 DM 单效果，在此实例中文字的转曲变形为整个设计的要点。

【实例效果展示】

【案例学习目标】

学习在 InDesign 中对文字进行变形处理，包括创建文字轮廓、调整文字轮廓、文字路径与图形的组合、文字的描边等。

素材：随书光盘 \ 素材 \03\01.indd
源文件：随书光盘 \ 源文件 \03\ 餐饮 DM 单设计 .indd

【案例知识要点】

执行"创建轮廓"命令将文字转换为图形、使用"删除锚点工具"删除路径锚点、用"转换方向点工具"转换路径锚点、用"直接选择工具"选择路径锚点、"定向羽化"为文字添加渐变色彩。

【创作要点：字体变化】

字体变化是一种实现文字传达的表达方式，是将文字作为图形元素进行图形化、意向化的处理，使其更富有创意，表现更深层的设计思想。在本实例中，对优惠大酬宾几个字进行了转曲并变形，这样利用文字的变化，既能避免画面的单调与平淡感，又能以丰富的表现形式打动人心。

【设计制作流程】

⭕ 选用文字工具在页面中输入主题文字，对输入的主题文字进行转曲，将文字转换为图形后，结合路径编辑工具对文字进行变形设置；

⭕ 在文字旁边添加图形，为组合的文字和图形填充不同颜色并设置上描边效果；

⭕ 复制主题文字，在文档中的其他留白区域绘制不同颜色的图形，制作为文字底纹，在图形上添加更多文字信息。

3.3.1 将输入文字转曲

Step 01：启动 InDesign CS6 应用程序，执行"文件 > 打开"菜单命令，打开素材文件，如下左图所示，选择"文字工具"，在左页面中输入文字"优惠"，打开"字符"面板，在面板中对文字属性进行设置，设置字体为"方正综艺简体"，文字大小为 90 点，倾斜度为 10，如下中图所示，然后将文字颜色更改为 R246、G189、B0，如下右图所示。

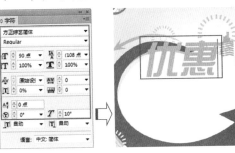

Step 02：选择"文字工具"，在页面中单击并拖曳鼠标，绘制文本框，在绘制的文本框中输入文字"大"，然后打开"字符"面板，在面板中对文字属性进行调整，设置字体为"方正综艺简体"，文字大小为130点，倾斜度为10，调整输入的文字效果。

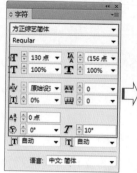

Step 03：选用"文字工具"在页面中输入文字"酬"和"宾"，打开"字符"面板，在面板中文字属性进行设置，如左图所示，然后设置为相同的颜色，效果如下图所示。

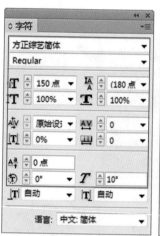

Step 04：单击"选择工具"按钮 ，把鼠标移至文字"优惠"上方，单击鼠标将文字选中，执行"文字 > 创建轮廓"菜单命令，将文字转换为图形效果，如下图所示。

Step 05：单击工具箱中的"直接选择工具"按钮 ，单击按钮后，可以看到页面中转换为轮廓后的文字上的锚点效果，如右图所示。

TIP: 文本的复制

当运用文字工具输入文字后，如果需要复制文本框中的文字，可以运用"选择工具"选中文本框。

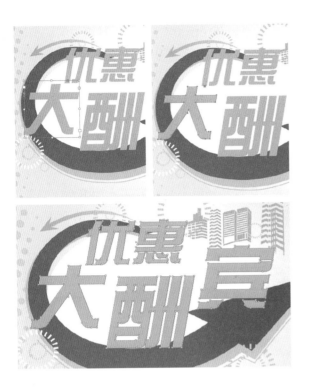

Step 06：选择"选择工具"选中文字"大"，执行"文字 > 创建轮廓"菜单命令，把文字转换为图形效果，单击"直接选择工具"按钮，单击转换后的文字，查看路径效果，如左图所示。

Step 07：继续使用同样的方法，单击"选择工具"按钮，选中页面中的文字，执行"文字 > 创建轮廓"菜单命令，把页面中的文字都转换为图形效果。

3.3.2 对转曲文字变形

Step 01：选中文字"优"，按下工具箱中的"钢笔工具"按钮不放，在展开的隐藏工具中单击"删除锚点工具"，如下左图所示，将鼠标移到文字"优"中的路径锚点上，此时鼠标光标会显示为形，如下中图所示，单击鼠标后将鼠标单击位置的锚点删除，如下右图所示。

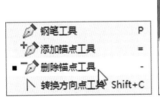
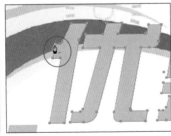

Step 02：将鼠标移至路径中的另一个锚点位置，鼠标指针再次变为形，如下左图所示，单击鼠标，将鼠标单击位置的锚点删除，如下中图所示，继续使用同样的方法，对文字"优"进行变形，变形后的文字效果如下右图所示。

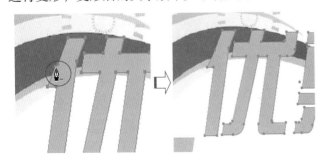

Step 03：按住工具箱中的"钢笔工具"按钮，不放，在展开的隐藏工具中单击"转换方向点工具"，将鼠标移至要转换方向点的路径锚点位置，此时鼠标变为 形，如左图所示，单击鼠标，将曲线点转换为直线点效果。

Step 04：将鼠标移至路径中的另一个锚点位置，鼠标指针再次变为 形，如下左图所示，单击鼠标，将鼠标单击位置的锚点转换为直线锚点，如下中图所示，继续使用同样的方法，对文字"优"上的方向点进行转换，转换后的效果如下右图所示。

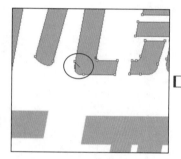 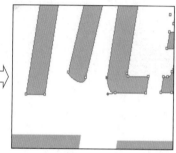 

Step 05：单击工具箱中的"直接选择工具"按钮，将鼠标移至文字上的其中一个锚点位置，如下左图所示，单击鼠标选中锚点，显示为实心效果，再向左下角拖曳该路径锚点，如下中图所示，当拖曳至一定位置后，释放鼠标，我们看到更改为路径锚点的位置，变换了文字效果，如下右图所示。

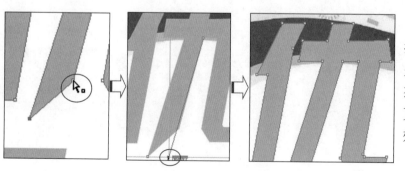

Step 06：再运用"直接选择工具"单击路径上的另一锚点使其显示为选中状态，单击并拖曳路径锚点，更改锚点的位置，变换文字效果，如左图所示。

Step 07：继续使用同样的方法，对文字"优"上的其他路径锚点进行设置，然后把多余的锚点删除，得到简化的文字效果，如左图所示。

Step 08：单击"直接选择工具"按钮 ，单击文字"惠"，选中文字及锚点对象，如下左图所示，选择工具箱中的"转换方向点工具"，将鼠标移至文字上的锚点位置，此时鼠标会显示为 人 形，如下中图所示，单击鼠标将曲线点转换为直线点，继续使用同样方法，完成路径点的转换，转换后的效果如下右图所示。

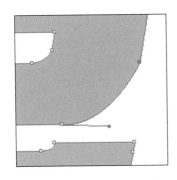 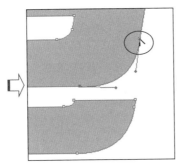 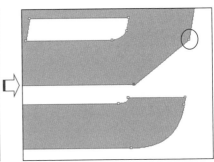

Step 09：选择工具箱中的"删除锚点工具"，将鼠标移到多余的锚点位置，单击鼠标删除路径锚点，如右图所示，通过删除路径锚点简化文字效果。

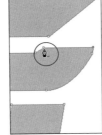 

Step 10：用"直接选择工具"选中文字"大"，结合"转换点工具"和"删除锚点工具"简化文字，再选择"添加锚点工具"，在需要添加锚点的文字位置，单击鼠标，添加锚点，如左图所示。

Step 11：单击"直接选择工具"按钮 ，单击路径上添加的锚点，选中锚点再单击并拖曳该锚点，变向路径形状，更改文字效果，如下图所示。

Step 12：在文字"大"上面再添加锚点，然后分别拖曳锚点，完成路径文字的更改，如下图所示，使用同样的操作方法对文字"酬""宾"进行变形处理。

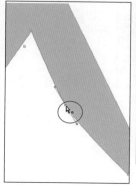

3.3.3 文字与图形的结合

Step 01：单击"椭圆工具"按钮◯，在文字"优"右上方单击并拖曳鼠标，绘制一个小圆，如下左图所示，执行"吸管工具"，将鼠标移至文字优上，单击鼠标，如下中图所示，单击鼠标后可以看到用吸取的颜色填充图形，得到橙色的小圆效果，如下右图所示。

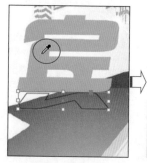

Step 02：选择"钢笔工具"，文字"宾"下方绘制图形，选用"吸管工具"在文字上单击，将绘制的图形填充上与文字相同的颜色效果，如左图所示。

Step 03：选择橙色的小圆，复制图形移至文字"惠"下方，得到更完整的文字效果，选择"选择工具"，按下 Shift 键不放，单击文字"优惠"和文字旁边的两个圆，将它们同时选中，如下左图所示，按下快捷键 Ctrl+G，将选中对象编组，给合文字和图形效果，如下右图所示。

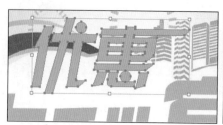

Step 04:继续使用"椭圆工具"在文字"酬"字上绘制不同大小的圆形,然后用"选择工具"同时选中文字和图形,如下左图所示,按下 Ctrl+G 组合键,将选中对象编组,如下右图所示。

3.3.4　添加叠加文字效果

Step 01:单击"选择工具"按钮 ,选择工具然后在编组的文字"优惠"上单击,选中文字,按下快捷键 Ctrl+C,按下快捷键 Ctrl+V,复制文字,如下图所示。

Step 02:打开"色板"面板,在面板中单击"黑色"选项,把选中的文字描边颜色设置为黑色,如下图所示。

 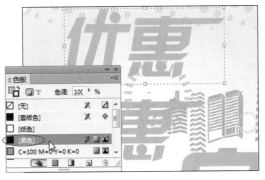

Step 03:打开"描边"面板,单击面板中的"粗细"下拉按钮,在展开的列表中选择"20点",更改描边粗细,为文字添加较宽的描边效果,如下图所示。

Step 04:打开"颜色"面板,在面板中对文字填充色进行更改,设置 R0. G0. B0,把文字填充为黑色,如下图所示。

  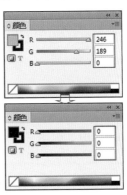

Step 05：单击"颜色"面板中的"描边（单击启用）"图标，启用锚边选项，然后输入描边颜色为 95%，如下图所示，更改描边颜色。

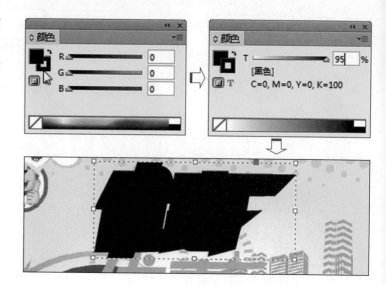

Step 06：用"选择工具"选中文字"优惠"，按下快捷键 Ctrl+C，按下快捷键 Ctrl+V，复制文字，打开"颜色"面板，把文字填充色设置为 R233．G52．B38，如下图所示。

Step 07：单击"颜色"面板中的"描边（单击启用）"图标，启用描边颜色选项，然后将描边颜色设置为 R232．G52．B38，如下图所示。

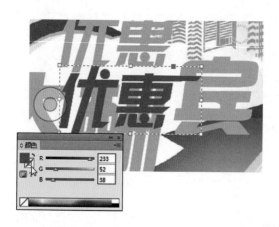

Step 08：打开"描边"面板，在面板中单击"粗细"下拉按钮，在展开的下拉列表中把"粗细"设置为"30 点"，如右图所示，为文字添加更宽的描边效果。

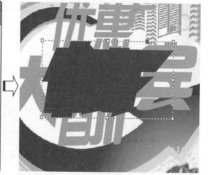

Step 09：选择"选择工具"，按住 Shift 键不放，依次单击三个不同颜色的"优惠"，将它们同时选中，如下左图所示，执行"窗口 > 对齐和版面 > 对齐"菜单命令，打开"对齐"面板，单击"水平居中对齐"按钮，如下中图所示，水平居中对齐文字，效果如下右图所示。

 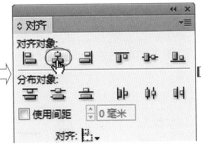 

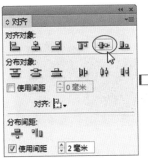 

Step 10：单击"对齐"面板中的"垂直居中对齐"按钮 ⬛，如左图所示，垂直居中对齐文字对象。

Step 11：用"选择工具"选中红色的文字图形，执行"对象＞排列＞后移一层"菜单命令，如下左图所示，将选中的红色文字对象后移一层，如下图所示，显示黑色的文字效果。

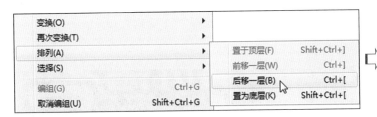 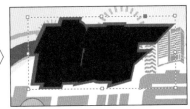

Step 12：再使用同样的方法，继续调整红色文字对象和黑色文字对象的排列顺序，将这两个颜色的文字移至橙色文本下方，效果如左图所示。

Step 13：单击"选择工具"按钮 ⬛，然后在编组的文字"大酬宾"上单击，选中文字，按下快捷键 Ctrl+C，按下快捷键 Ctrl+V，复制文字，然后把复制的文字颜色设置为 R233．G52．B38，如下图所示。

Step 14：单击"颜色"面板中的"描边（单击启用）"图标，启用描边颜色选项，然后将描边颜色设置为 R230．G33．B42，如下图所示，更改文字的描边颜色。

 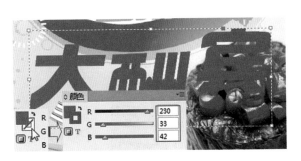

Step 15：打开"描边"面板，在面板中单击"粗细"下拉按钮，在展开的下拉列表中把"粗细"设置为"30点"，如下图所示，为文字添加更宽的描边效果。

Step 16：再复制文字"大酬宾"，打开"颜色"面板，对复制的文字的填充色的描边颜色进行更改，然后适当调整描边粗细后，得到更丰富的文字效果，如下图所示。

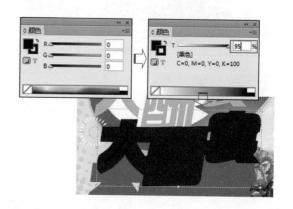

Step 17：选择"选择工具"，按住 Shift 键不放，依次单击三个不同颜色的"大酬宾"，将它们同时选中，如下左图所示，执行"窗口 > 对齐和版面 > 对齐"菜单命令，打开"对齐"面板，单击"水平居中对齐"按钮，如下左图所示，再单击"垂直居中对齐"按钮，如下中图所示，单击按钮后对齐选中的文字对象，效果如下右图所示。

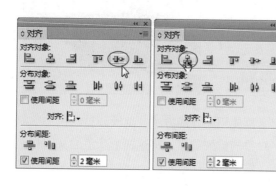

3.3.5 文字透明效果的制作

Step 01：用"选择工具"选中文字，如下图所示，按下快捷键 Ctrl+C，复制文字，在页面中的任意位置右击，在弹出的快捷菜单中执行"原位粘贴"命令，在原位粘贴复制的文字，打开"颜色"面板，将文字颜色更改为 R254、G244、B159，如右图所示。

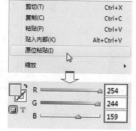

Step 02: 执行"文字 > 效果 > 定向羽化"菜单命令,打开"效果"对话框,在对话框中勾选"定向羽化"复选框,如下左图所示,在对话框中右侧设置羽化宽度,在"下"选项右侧的文本框中输入数值 18,调整羽化宽度,再单击"收缩"选项右侧的倒三角形按钮,拖曳滑块将"收缩"值设置为 100%,单击"形状"下拉按钮,在展开的下拉列表中选择"仅第一个边缘"选项,输入"角度"为 4,如下左图所示,设置后勾选"预览"复选框,查看效果如下右图所示。

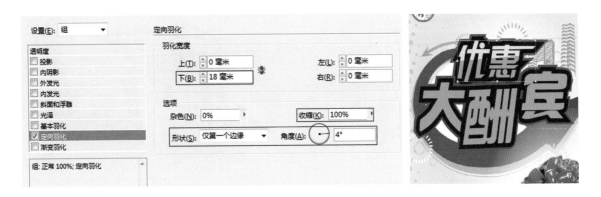

Step 03: 单击"效果"对话框左侧的"斜面和浮雕"效果,展开"斜面和浮雕"效果选项,单击"阴影"右侧的色块,如下左图所示,打开"效果颜色"对话框,在对话框中选择"色板"颜色,单击黄色,如下右图所示,再单击"确定"按钮。

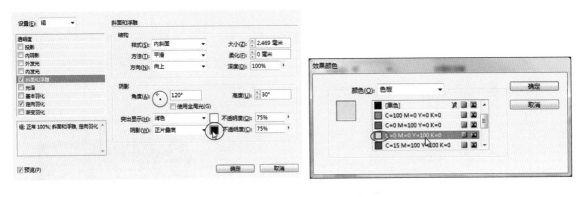

Step 04: 返回"效果"对话框,单击对话框右下角的"确定"按钮,如下左图所示,返回文档中,应用设置的效果选项,得到更有立体感的文字效果。

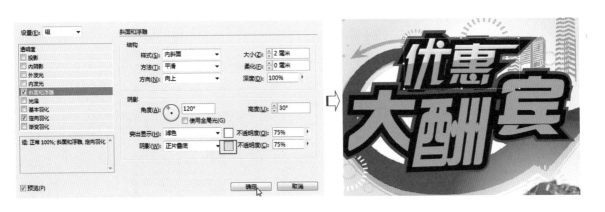

Step 05：用"选择工具"选中文字，如下图所示，按下快捷键 Ctrl+C，复制文字，在页面中的任意位置右击，在弹出的快捷菜单中执行"原位粘贴"命令，在原位粘贴复制的文字，如下图所示。

Step 06：用"选择工具"选中复制的文字，打开"颜色"面板，将文字颜色设置为 R254、G244、B159，在页面中查看文字效果，如下图所示。

Step 07：执行"文字 > 效果 > 定向羽化"菜单命令，打开"效果"对话框，在对话框中勾选"定向羽化"复选框，如下左图所示，在对话框中右侧设置羽化宽度，在"下"选项右侧的文本框中输入数值18，调整羽化宽度，再单击"收缩"选项右侧的倒三角形按钮，拖曳滑块将"收缩"值设置为100%，单击"形状"下拉按钮，在展开的下拉列表中选择"仅第一个边缘"选项，输入"角度"为4，如下左图所示，设置后勾选"预览"复选框，查看效果如下右图所示。

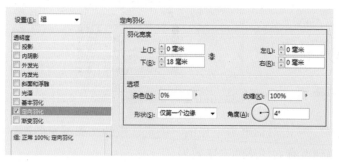

Step 08：单击"效果"对话框左侧的"斜面和浮雕"效果，展开"斜面和浮雕"效果选项，单击"阴影"右侧的色块，如下左图所示，打开"效果颜色"对话框，在对话框中选择"色板"颜色，单击黄色，如下右图所示，再单击"确定"按钮。

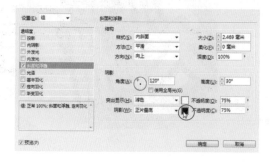

Step 09：返回"效果"对话框，单击对话框右下角的"确定"按钮，如下左图所示，返回文档中，应用设置的效果选项，得到更有立体感的文字效果。

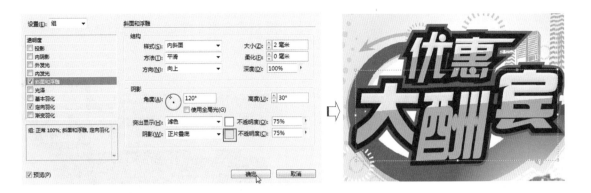

3.3.6　复制并添加文字

Step 01：单击"选择工具"按钮，然后在编组的文字"优惠"上单击，选中文字，按下快捷键 Ctrl+C，按下快捷键 Ctrl+V，复制文字，然后把复制的文字移到右页面，效果如下图所示。

Step 02：单击工具箱中的"文字工具"按钮，在"优惠"下方绘制文本框，输入文字，打开"字符"面板，更改文字的字体、字号等选项，如下左图所示，再把文字颜色更改为统一的橙色效果，如下右图所示。

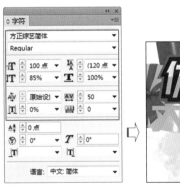

Step 03：单击"选择工具"按钮，把鼠标移至输入的"大酬宾"文字上，单击鼠标选中文字，执行"文字 > 创建轮廓"菜单命令，将文字转换为图形，如下左图所示，执行"编辑 > 变换 > 切变"菜单命令，打开"切变"面板，输入"切变角度"为10，如下中图所示，单击"确定"按钮，设置切变效果，如下右图所示。

Step 04：单击"选择工具"按钮，在"大酬宾"上单击，选中文字，按下快捷键Ctrl+C，按下快捷键Ctrl+V，复制文字，效果如下图所示。

Step 05：用"选择工具"选中复制的文字，单击"吸管工具"按钮，将鼠标移至上方已描边的黑色文字位置，单击鼠标，为复制的文字也添加上相同的描边效果，如下图所示。

Step 06：单击"选择工具"按钮，在"大酬宾"上单击，选中文字，按下快捷键Ctrl+C，按下快捷键Ctrl+V，再次复制文字，如下左图所示，单击"吸管工具"按钮，将鼠标移至上方已描边的红色文字位置，单击鼠标，为复制的文字添加相同的文字描边效果，如下右图所示。

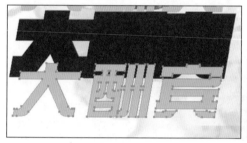
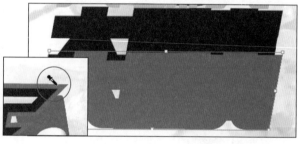

Step 07：选择"选择工具"，同时选中三个不同颜色的"大酬宾"，打开"对齐"面板，单击"水平居中对齐"按钮，再单击"垂直居中对齐"按钮，对齐文字，然后适当调整文字排列顺序，得到叠加的文字效果。

Step 08：单击工具箱中的"文字工具"按钮【T】，在"优惠"下方绘制文本框，输入店家名称，打开"字符"面板，更改文字的字体、字号等选项，如下图所示，再把文字颜色题改为红色效果，如下图所示。

Step 09：选择工具箱中的"圆形工具"，在页面中单击并拖曳鼠标，绘制一个颜色为RGB的圆形图形，然后复制三个图形，调整顺序，得到并排的四个小圆效果，如下图所示。

Step 10：结合"文字工具"和"字符"面板，在小圆上方输入文字"中式快餐"，如下图所示，继续使用同样的方法，在页面中添加更多文字和图形效果。

3.4　举一反三

通过前面的学习，我们学习了DM单设计与制作方法，掌握了InDesign中文字的转曲与字体设计方法，下面对前一小节中的设计进行更改，在页面中重新输入文字，并对文的字形进行设计，制作出不同的DM单，效果如下图所示。

操作要点：

1. 用"文字工具"在文档中重新输入文字；

2. 将输入的文字创建为轮廓效果，结合路径编辑工具对文字进行变形；

3. 用"选择工具"选中文字下方的图形，更改文字的背景色彩。

源文件：随书光盘 \ 举一反三 \ 源文件 \03\ 餐馆 DM 单设计 .indd

3.5　课后练习——美容院活动单页

本章以文字的转曲与变形为出发点，讲解了DM单的设计与制作方法，学完本章后大家不仅可以学会输入文字，还可以学会文字与图形之间的转换、文字效果的添加等。为了巩固本章所学内容，下面为大家准备一个课后习题，制作一份美容院活动单页，效果如下图所示。

操作要点：

1. 在页面中输入文字，并对文字的字体、大小、颜色进行调整；

2. 用"选择工具"把主题文字选中，将选中的文字转换为图形；

3. 对文字图形进行变形，在路径上进行锚点的添加与编辑操作，创建变形的字体效果；

4. 在要突出显示的文字下方绘制上简单的图形。

素材：随书光盘\课后练习\素材 \03\01.indd

源文件：随书光盘\课后练习\源文件\03\美容院活动单页 .indd

Chapter 04

杂志内页设计

　　杂志是信息传递的一个重要载体，其种类繁多，根据出版刊物的读者群而定位。杂志内页的设计需要考虑的问题很多，由于需要向页面中添加大量的信息，所以在版面信息的安排上要做到疏密得当，有较强的层次感。只有选择一个合理的版式设计，才能有效引导读者阅读，达到传达信息与销售杂志的目的。

　　本章讲解杂志内页设计的具体制作方法，通过学习让读者了解杂志内页设计的要点与原则等，利用典型实例练习掌握版式中的信息处理技法。

本章学习重点：

- 杂志内页设计特点
- 段落文本的创建
- 串联文本
- 指定文本对齐
- 段落首行缩进与下沉设置
- 页眉页脚的处理
- 页面的添加

4.1 杂志内页设计的特点

　　杂志内页的设计虽然有着其独特的要求，但也没有脱离版式设计的共性原则。在结合杂志内容设计版式的时候，我们首先要充分了解杂志的风格，对杂志的主题进行分析与了解，定位杂志的读者群体。杂志与书籍不同，不需要读者从第一页开始一页一页地依次往后面阅读，读者可以根据兴趣爱好进行选择性阅读。

　　杂志内页与其他单页海报、传单设计不同，它是多页结构的印刷品，在设计的时候不是单纯设计好每个页面就可以了，在编排杂志版面时必须考虑页与页之间的联系。在杂志中有很多文章，这些文章的长短、内容、顺序以及风格，根据其媒介的不同而产生变化，其构成是非常复杂的。因此，编排杂志版面时应注意页面的整体性特征，使页面展开后具有整体统一的视觉效果。充分运用版面的节奏，使页面在统一中求变化，既加强版面与版面对比，又要具有阅读的节奏美感，如下三幅图所示，版面中颜色的区分主要表现为杂志版面中版面编排的多样化与节奏感，并非一味追寻一种版面结构，通过页与页之间的不断变化，反而提高读者继续阅读的兴趣。

　　杂志属于连续性平面版式设计，一般采用分栏的方式编排，分栏时可以理性地编排页面中的各种元素，根据设计内容和风格，选择版面分栏的形式。杂志内页设计主要针对版面需要，将文字与图片等各种信息进行编排组合，形成书页，使页与页之间形成连续、清晰顺畅的视觉美感。杂志设计风格主要由杂志本身所表达的内容来决定。下面从杂志的结构以及页与页之间的关联来分析杂志版式的设计特点。

　　由于杂志具有多页结构这一特征，因此，在编排杂志版面时，页与页之间的连续性是非常重要的，它影响着整个杂志的阅读节奏。要做到前后连贯，首先应该注意保持统一的页面结构，其次要注重每一页的色调与字体的统一，最后明确每个页面的作用。

1. 保持一定的页面结构

　　在对杂志页面进行设计时，需要保持一定的页面结构，这样可以避免版面紊乱，使页与页之间具有连贯性，不影响视觉流畅，如下图所示为同一本杂志中的多个页的设计效果，从图上看每个页面中都添加了相同颜色的几何体图形加以修饰，让页面看起来更加生动，同时也起到统一页面结构的作用。

2．统一色调与字体

在杂志页面中，页与页之间的版面构成在不断变化，但最终还是要与整体相协调。在色彩与文字的编排上，如果同一主题的文章中采用统一的色调与字体，这样可以使整个杂志版面阅读节奏流畅。如果在每个页面中都采用不同的字体与色调，加上背景纹理的设置，会打破版面的协调统一性，使整个版面阅读起来很费力，如下左图所示。

3．明确每个页面的作用

杂志页面中由于页与页之间的主要作用不同，在版面设计中所采用的编排方式也要有所区分，要根据每个页面所表现的具体内容来选择版面编排的方式，明确每个页面的作用是非常重要的，如下右图所示，左侧页面为大图的效果展示，而右侧页面则采用文字进行补充说明。

4.2　杂志内页排版要点

一本杂志如果要想体现丰富的内容，必然会在页面中添加多种元素，但由于杂志版面设计的空间非常有限，若是我们无限地向页面添加内容，这些内容不但不会提升画面的美观，说不定还会为杂志带来负重的感觉。那么，该如何才能让杂志内页排版美观合理呢？

1．根据媒体的特点进行大小适当的开本设计

在设计一本杂志时，必须首先确定的就是杂志的开本大小。印刷出来的杂志的开本大小对页面的排版设计有很大的影响，它也是与媒体定位密切相关的重要因素。在决定所采用的开本类型时，要考虑杂志的特征和定位。对于像杂志这样的既重视视觉形式，又包含大量信息的媒体来讲，一般需要采用较大的开本设计。

2．根据版面率来调整页面内容

在杂志的排版过程中，设定页面四周的余白（页边余白）来安排页面的排版是非常重要的。由于版面率设定的不同，在设计完成后，页面给读者带来的印刷效果也会不同，因此需要进行适当处理。对于杂志来讲，在确定了版面大小的同时，也就确定了页面空白的大小，随着四周

页边空白面积的扩大，版面就会逐渐缩小，这样就使杂志页面的版面率降低，导致页面中所包含的信息量减少；反之，随着四周页边空白面积的减小，版面就会逐渐扩大，这样就使杂志页面的版面率随之提高，让页面中所包含的信息量增加，如下两个页面分别展示了版面率低与版面率高时的页面效果。

3．根据图版率调整页面的整体效果

在杂志内页设计中，有一个与版面率意思相近的词语叫"图版率"。图版率是指页面中的图片所占的比率，它也是影响整个页面效果的关键因素之一。构成图版率的要素是指杂志页面中所分布的图片面积的总和。页面中的图片或插图越多，图版率就越高，这样的页面能够带给人热闹而活跃的印象。相反地，图片或插图越小，图版率就越低，画面就会产生一种非常沉稳的效果。如下左图为高图版率的页面效果，右图为低图版率的页面效果。

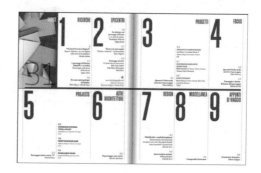

4．合理利用各种不同的模式进行排版

在杂志页面中安排各种内容时，如果没有任何可参照的标准，那么工作就会变得很困难。因此，可以将杂志页面划分成几个部分，然后采用一定的模式来进行页面设计。

在开始进行排版前，如果能先确定安排各部分内容的辅助线，那么页面的排版设计工作就会进行得非常顺利。我们也可以将辅助线看作页面排版的一种向导。为了建立辅助线，先应该考虑要把杂志的页面划分为几个部分，是根据水平方向还是垂直方向进行划分。如果将版面分为很多个部分，那么就可以完成比较复杂的页面效果，同时这样设计出来的页面自然而然地能够给人带来井然有序的印象，如下左图所示为利用辅助线对页面进行划分，再根据线条位置进行页面排版，如下中图所示，完成设计后我们把辅助线隐藏，版面仍然会给人以井然有序的印象。

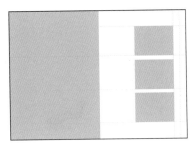

5. 根据版式设计来区分内容的先后顺序

当杂志页面中所包括的内容有先后顺序时，就需要在设计时能让人明白这种顺序，这样也能让人们了解该页面信息的主次关系。要区分页面内容的先后、主次顺序，可以分别通过文字的大小变化、颜色和形状的处理等一系列的方式进行，下面两幅图像中，可以看到左图统一大小的图像安排方式，使画面内容先后顺序表现不出来，右图经过调整后，要表现的主要内容就更清晰了。

6. 按照阅读顺序来引导视线的移动方向

在进行排版面设计时，对读者目光移动方向的预设考虑也是很重要的，只有了解人们在阅读杂志时的阅读顺序，才能使设计出的作品更加美观，符合观者的阅读需求。就多数杂志页面中视线流动方向的基本类型而言，包括两个类别，（1）对于向右侧打开的杂志来说，视线往往是从对页的右上方向左方移动，如下左图所示；（2）对于左侧打开的杂志来说，视线则多是从左上方到右下方移动，如下右图所示。如果不能根据这两种读者视线的基本移动方式进行页面的排版设计，那么设计的作品会给人非常零乱的感觉，不方便读者阅读。

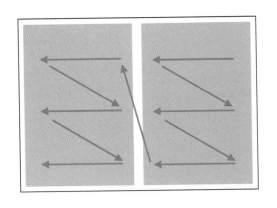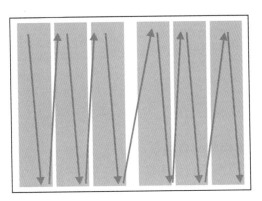

7. 有目的性的余白设计

杂志页面中包含的内容比较丰富时，会给人带来一种页面狭窄的感觉。完全没有任何留白的页面，不但不会让画面显得美观，反而会给读者带来一种压迫感，让人在阅读时产生疲劳感。由此可见，留白也是页面排版必不可少的要素之一，灵活运用页面的白地，设计恰当的页面留白，会使杂志页面呈现出非常美观的效果。如下左图所示，页面中采用了大量留白设计，整个页面非常简洁而又不失设计感。

4.3　科普杂志内页设计

前面介绍了杂志内页设计的特点以及如何设计美观合理的杂志页面，在本节中我们将为科普类杂志设计一个内页版面，学习使用 InDesign 进行长文本的编辑与调整。

【实例效果展示】

【案例学习目标】

学习使用版面的设置和特殊符号的运用，包括创建段落文本、串联文本、设置首字下沉、首行缩进、版权符号的添加以及页码的插入等。

【案例知识要点】

使用"文字工具"绘制文本框创建段落文本、使用"段落"面板调整段落样式、执行"插入特殊字符"命令插入符号。

【创作要点：统一段落样式】

当版面中拥有较大的文字段落时，选择一个合适的段落样式，可以使用版面显得更加富有规律。在本实例中，页面中为段落文字设置了统一的左对齐效果，形成一个协调的画面。同时，在每个段落中设置了首字下沉样式，这样就把紧凑的文字区分开来，提升了文字的可读性。

【设计制作流程】

○ 根据杂志中内页文章的具体内容，选择合适的图片，并确定图片与文字的摆放位置，向页面添加文字和图片；

○ 根据版面需要，对创建的段落文字指定段落样式，设置缩进和下沉效果，再对文字的颜色做调整，丰富版面效果；

○ 对版面的细节进行处理，输入标题文字，并在页面顶部和底部绘制文本框，添加上书籍刊号、当前页面的页码等信息。

素材：随书光盘 \ 素材 \04\01~03.jpg

源文件：随书光盘 \ 源文件 \04\ 科普杂志内页设计 .indd

4.3.1 创建段落文本

Step 01：启用 InDesign CS6 程序，执行"文件 > 新建 > 文档"菜单命令，新建一个横向的文档页面，如下图所示。

Step 02：执行"文件 > 置入"菜单命令，把随书光盘 \ 素材 \10\01．02．03.jpg 素材图像置入文档页面，根据版面将图像调整至合适大小，效果如下图所示。

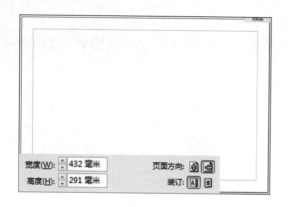

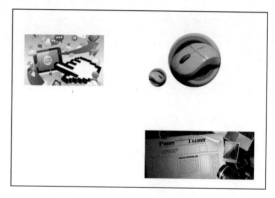

Step 03：选用"矩形工具"绘制矩形，设置填充颜色为R234、G232、B233，描边颜色为黑色，不透明值为44%，如下图所示，再复制矩形填充满整个版面。

Step 04：单击"选择工具"按钮，按下Shift键不放，单击绘制的灰色矩形，将它们同时选中，执行"对象>排列>置为底层"菜单命令，调整图形排列顺序，把灰色矩形移到最底层，效果如下图所示。

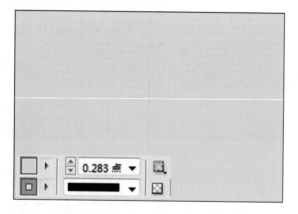

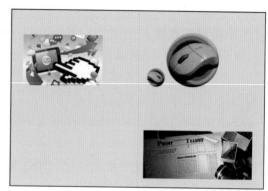

Step 05：单击工具箱中的"文字工具"按钮，在左侧页面的图像旁边单击并拖曳鼠标，绘制一个文本框，用于输入段落文字。

Step 06:将光标插入点置于绘制的文本框内，执行"文件>置入"菜单命令，打开"置入"对话框，在对话框中单击"智能系统"文档，如下左图所示，单击右下角的"确定"按钮，将文本置入文本框中，效果如下右图所示。

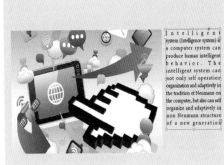

4.3.2　文本串联

Step 01:置入文本后，由于文档没有显示完整，因此在文本框右下角会显示溢流文本图标，单击该图标，如下左图所示，单击后在光标旁边会显示未显示文本缩览图，此时单击并拖曳鼠标，绘制文本框，如下中图所示，绘制完成后释放鼠标，在新文本框中串接文本，效果如下右图所示。

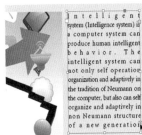
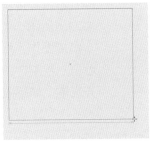
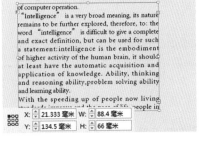

Step 02：单击第二文本框右下角会显示溢流文本图标，如右图所示，单击后在光标旁边会显示未显示文本缩览图。

Step 03：将鼠标移至要串接文本的位置，单击并拖曳鼠标，绘制一个新的文本框，释放鼠标串接文本，此时在"控制"面板中适当调整文本框的宽度和高度，变换其大小，效果如下图所示。

Step 04：继续使用同样的方法，在页面中绘制更多的不同大小的文本框，并在文本框中进行文字的串接操作，得到如下图所示的页面效果。

Step 05：单击"文字工具"按钮 **T**，在页面中单击并拖曳鼠标，绘制新的文本框，如下左图所示，执行"文件 > 置入"菜单命令，打开"置入"对话框，在对话框中选择要置入的"智能系统2"文档，单击"确定"按钮，置入文本，效果如下右图所示。

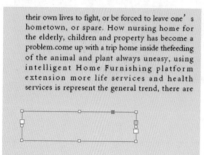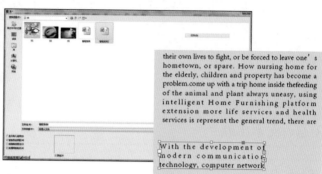

Step 06：置入文本后，将鼠标移至文本框右下角的加号图标上，然后在页面中的另一位置单击并拖曳鼠标，绘制文本框，串接文本，如左图所示，再使用同样的方法，完成更多文本串接操作，然后用"选择工具"选中文本框，单击"控制"面板中的"底对齐"按钮 **■**，对齐文本，如下图所示。

4.3.3 段落文本的对齐设置

Step 01：单击"文字工具"按钮 **T**，在页面中的一部分文本框上单击并拖曳鼠标，选中文本如下右图所示。

Step 02：执行"文字 > 段落"菜单命令，打开"段落"面板，单击面板中"左对齐"按钮 **■**，对齐选中的段落文本，如下图所示。

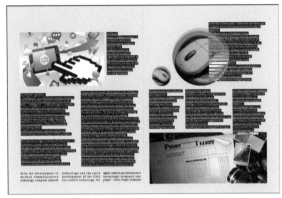 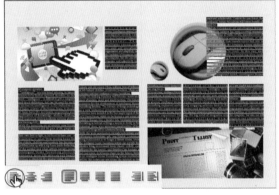

Step 03：执行"文字 > 字符"菜单命令，打开"字符"面板，选择Candara字体，设置"字体大小"为10点，其他参数不变，更改选中文字的字体和大小，如右图所示。

 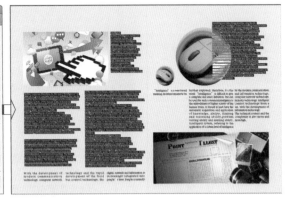

Step 04：继续使用"文字工具"选择串接文本框中剩下的文字，打开"段落"面板，单击面板中的"左对齐"按钮，对齐文字，效果如下图所示。

Step 05：选中文字，执行"文字 > 字符"菜单命令，打开"字符"面板，选择 Candara 字体，设置"字体大小"为10点，其他参数不变，更改选中文字的字体和大小，如右图所示。

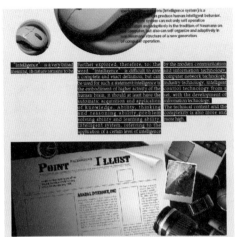 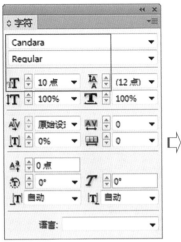 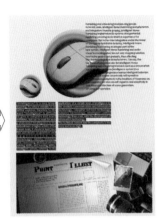

Step 06：单击"文字工具"按钮 **T**，在左侧页面下方的段落文字上单击并拖曳鼠标，选中段落文本，如下图所示，打开"字符"面板，在面板中对文字属性进行设置，如右图所示，更改文字效果。

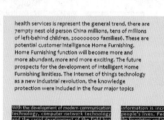
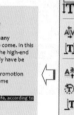

Step 07：用"文字工具"选中文本，执行"文字 > 段落"菜单命令，打开"段落"面板，单击面板中"左对齐"按钮 **≣**，对齐选中的段落文本，如下图所示。

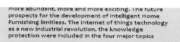

4.3.4　设置缩行和首字下沉效果

Step 01：单击"文字工具"按钮 **T**，在画面中的一部分文本框中单击并拖曳鼠标，选中文本框中的所有文字，使其显示为反相效果，如下图所示。

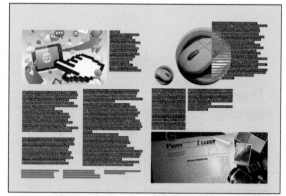

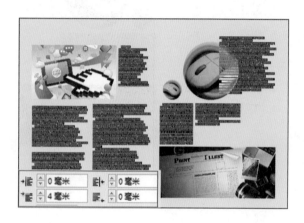

Step 02：打开"段落"面板，在面板中的"首行左缩进"文本框中输入数字4，其他参数不变，为选中的文字设置首行左缩进效果，如下图所示。

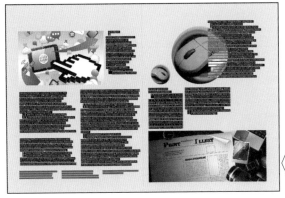

Step 03:继续在"段落"面板中进行设置，输入"首字下沉行数"为2，"首字下沉一个或多个字符"值为1，如下图所示，设置后得到如左图所所示的文本效果。

| +≣ | 0 毫米 | | +≣ | 0 毫米 |
| t‡A≣ | 2 | | A≣a | 1 |

4.3.5　文字大小写的转换

Step 01：单击"文字工具"按钮 T ，用"文字工具"选择左侧页面底部的段落文本，显示为反相效果，如下图所示。

Step 02：执行"文字 > 更改大小写 > 大写"菜单命令，把选中的文字全部更改为大写效果，如下图所示。

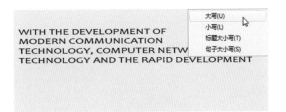

Step 03：用"文字工具"在右侧页面的左上角创建段落文本，打开"字符"面板，在面板中对文字字体、大小进行设置，如下左图所示，设置完成后得到如下中图所示的文本效果，执行"文字 > 更改大小写 > 大写"菜单命令，把文字全部更改为大写效果，如下图所示。

digitization, networking and informatization and intelligent operation

⇨

DIGITIZATION, NETWORKING AND INFORMATIZATION AND INTELLIGENT OPERATION

Step 04:用"文字工具"选中段落文本，执行"文字 > 更改大小写 > 大写"菜单命令，把选中的文字全部更改为大写效果，如右图所示。

control technology from a set, with the development of information technology.
The technical content and the complexity is also more and more high.

⇩

development of information technology.
THE TECHNICAL CONTENT AND THE COMPLEXITY IS ALSO MORE AND MORE HIGH.

4.3.6 图文混排

Step 01：单击"选择工具"按钮 ，在页面中较大的鼠标图像位置单击，选中右侧页面中的其中一个鼠标图像，如下图所示。

Step 02：执行"窗口 > 对象和版面 > 文本绕排"菜单命令，打开"文本绕排"面板，单击面板中的"沿对象形状绕排"按钮，设置文本绕排效果，如下图所示。

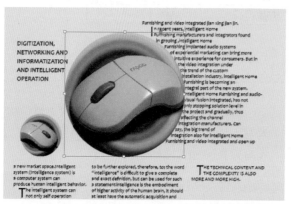

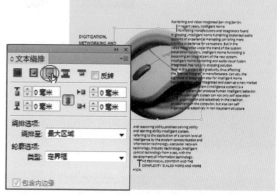

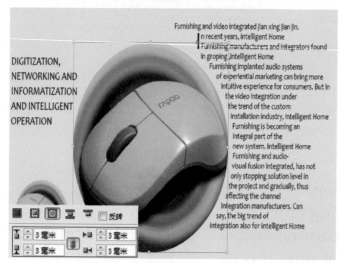

Step 03：在"文本绕排"面板中的"上边距"文本框中输入数值3，再单击"链接"图标，为文本设置相同的距离效果，如左图所示。

TIP: 取消文本绕排效果

在文档中为文字设置文本绕排效果后，如果需要取消创建的文本绕排效果，可以单击"文本绕排"面板中的"无文本绕排"按钮，快速取消文本绕排效果。

4.3.7 版面文字的处理

Step 01：用"文字工具"选中右侧页面左上角的文字对象，打开"描边"面板,在面板中将"粗细"设置为 0.25 点，加粗选中的文字，如右图所示。

Step 02：选中文本，在"控制"面板中单击"填色"右侧的下拉按钮，单击列表中的蓝色，再单击"描边"右侧的下拉按钮，在展开列表中单击蓝色，将文字填充和描边颜色都更改为蓝色，如下图所示。

Step 03：使用相同的操作方法，加粗文字，并根据版面情况，对页面中的文字的颜色做一定的调整，得到如下图所示的版面效果。

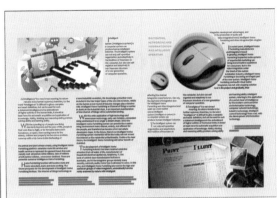

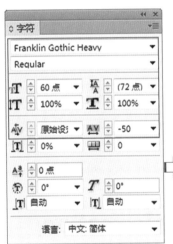

Step 04：选择"文字工具"，在左侧页面顶部绘制文本框，输入文字，打开"字符"面板，在面板中设置字体为 Franklin Gothic Heaw，"字体大小"为 60 点，"字符间距"为 –50，如左图所示，设置完成后的文字效果如下图所示。

Step 05：用"文字工具"选中最右侧的 / 号，如下左图所示，打开"字符"面板，在面板中把文字字体更改为"方正兰亭大黑 –GBK"，其他参数不变，如下右图所示，再在"控制"面板中将文字颜色更改为粉红色。

Step 06: 继续使用"文字工具"在右侧页面顶部也输入文字，结合"字符"面板和"控制"面板，设置相同的字体和颜色效果，如下图所示。

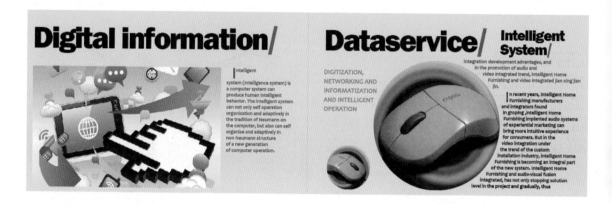

4.3.8 页眉与页脚的设置

Step 01： 单击工具箱中的"直线工具"按钮![]，在页面顶部单击，绘制直线起点，再按下 Shift 键不放，单击并拖曳鼠标，绘制一条水平直线，效果如下图所示。

Step 02： 用"选择工具"选中绘制的直线，在"控制"面板中单击"描边"下拉按钮，在展开的列表中单击蓝色，设置描边"粗细"为 2 点，更改描边效果，如下图所示。

Step 03： 单击"文字工具"按钮![T]，在直线上方绘制文本框，然后将光标插入点置于绘制的文本框之中，如下图所示。

Step 04：执行"文字 > 插入特殊字符 > 符号 > 版权符号"菜单命令，在绘制的文本框中插入版权符号，如下图所示。

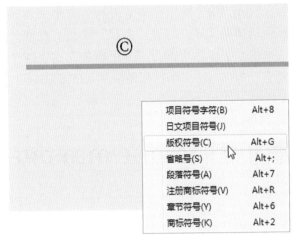

Step 05:执行"文字 > 字形"菜单命令，打开"字符"面板,在面板中单击"中左括号"字符，如下左图所示，单击后插入字形，效果如下右图所示。

Step 06：在插入的中括号后面输入文字"科学世界"，输入后的效果如下图所示。

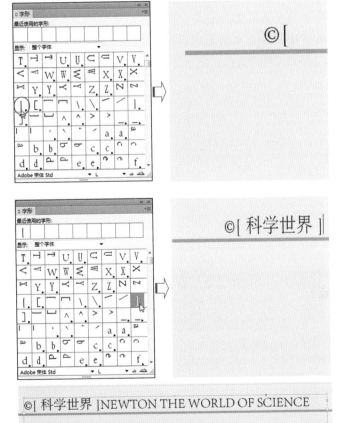

Step 07：打开"字形"面板，单击面板中的"右中括号"字形，如左图所示，在文字"科学世界"右侧添加右中括号效果。

Step 08：继续在右中括号旁边输入文字，然后选中输入的英文，执行"文字 > 转换大小写 > 大写"菜单命令，把文字更改为大写效果，如左图所示。

Step 09：使用"文字工具"选中文本框中的所有文字，打开"字符"面板，在面板中把"字体"更改为"方正姚体"，"字体大小"为 12 点，"字符间距"为 –150，如下图所示。

Step 10：用"文字工具"选中文本框中的英文，打开"字符"面板，将"字体大小"设置为 8 点，"字符间距"设置为 –10，如下图所示。

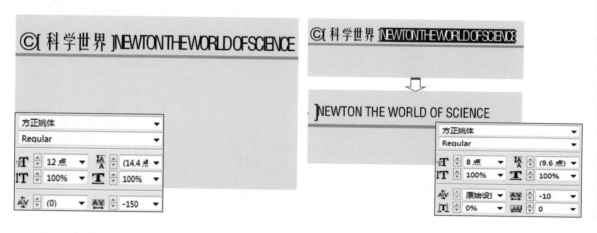

Step 11：选择"文字工具"，在版权符号与左括号之间插入空格，然后将它们之间的间距设置为 –50，如下左图所示，继续使用同样的方法，对文本框中的字符间距进行调整后，在"控制"面板中单击"填色"下拉按钮，单击下拉列表中的蓝色，把文字的填充色更改为蓝色，效果如下右图所示。

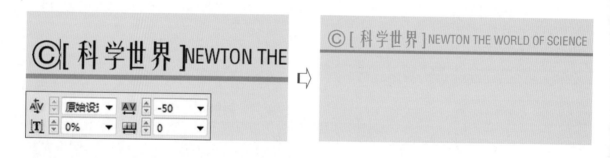

Step 12：单击"选择工具"按钮，选中文本框下方的蓝色直线，执行"编辑 > 拷贝"菜单命令，再执行"编辑 > 粘贴"菜单命令，复制线条和文本对象，把复制的对象向右拖曳至右侧页面的顶部，效果如左图所示。

4.3.9　页码的设置

Step 01： 选择"文字工具"，在页面左下角绘制文本框，在文本框中输入文字，打开"字符"面板，在面板中选择字体为Candara，"字体大小"为9点，如下图所示。

Step 02： 单击"选择工具"按钮，选中文本框及文字，执行"文字 > 更改大小写 > 大写"菜单命令，把文本框中的文字全部更改为大写效果，如下图所示。

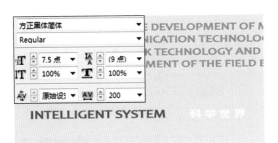

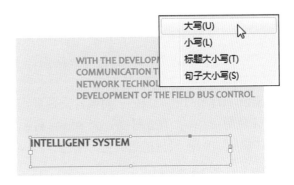

Step 03： 继续在文本框中输入文字"科学世界"，打开"字符"面板，在面板中设置字体为"方正黑体简体"，"字体大小"为7.5点，"字符间距"为200，设置后把文字颜色更改为白色，如左图所示。

Step 04： 将光标插入点定位于文本框内，如下左图所示，执行"文字 > 插入特殊字符 > 标志符 > 当前页码"菜单命令，插入页码，效果如下右图所示。

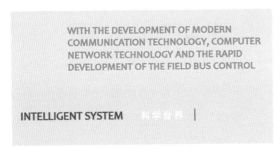

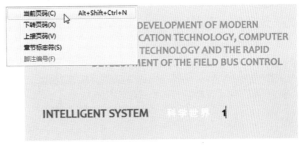

Step 05： 用"文字工具"选中输入的页码，把页码1更改为01/，效果如右图所示。

Step 06:用"文字工具"选中页码,使其呈反相显示状态,如下左图所示,打开"字符"面板,在面板中对文字属性进行设置,选择字体为 Candara,"字体大小"为 16 点,如下右图所示。

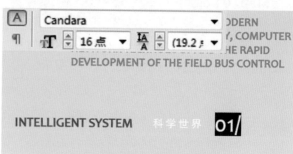

Step 07:打开"颜色"面板,设置页面填充色为黑色,"不透明度"为80%,再单击"描边"图标,设置描边颜色为黑色,"不透明度"为80%,如右图所示。

Step 08:单击工具箱中的"选择工具"按钮,退出文字编辑状态,查看设置后的页码效果,如下图所示。

Step 09:选择工具箱中的"钢笔工具",在文字"科学世界"上方绘制一个四边形,并将绘制四边形填充为蓝色,如下图所示。

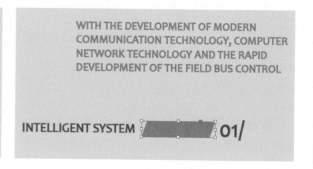

Step 10:用"选择工具"选中绘制的四边形图形,执行"对象 > 排列 > 后移一层"菜单命令,调整图形排列顺序,将四边形移至文字下方,效果如下图所示。

Step 11:单击"选择工具"按钮,选中蓝色四边形图形和页码文字,执行"对象 > 编组"菜单命令,将文字编组,编辑后的对象效果如下图所示。

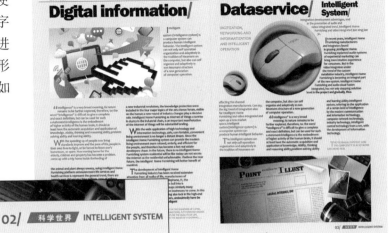

Step 12：使用"文字工具"在右侧页面的右下角绘制文本框，执行"文字 > 插入特殊字符 > 符号 > 上接页码"菜单命令，插入页码，效果如下右图所示。

Step 13：插入页码后，使用相同的操作方法，结合"文字工具"和"钢笔工具"对页码进行调整并绘制上粉红色的四边形图形，制作完成后的版面效果如下图所示。

4.4　举一反三

通过前面的学习，我们掌握了杂志内页的设计要点与制作方法，其中包括段落文本的置入、段落文本对齐、文本的串联、特殊符号的添加、页码的设置等，下面利用所学知识来对前面制作的实例效果进行调整，制作出新的杂志内页效果，如下图所示。

操作要点：

1. 使用"文字工具"选中文本框，对文本框的大小进行调整；

2. 绘制新的文本框，在文本框之

间进行文本的串接处理；

   3. 选中文档中的文字，更改选中文字的颜色，调整版面风格；

   4. 选中页码，运用"颜色"面板对页码颜色进行调整，突出当前页码。

源文件：随书光盘\举一反三\源文件\08\科普杂志内页设计.indd

4.5　课后练习——时尚杂志内页设计

    杂志内页的设计需要在页面中穿插大量的信息和图片，同时内页版面也是灵活多变化的，因此要做好一个杂志内页设计需要全面安排版面内容。本章通过典型实例的方式详细介绍了杂志内页的制作过程，为了加深和巩固本章所学知识，下面我们为大家准备一个课后习题，制作一个时尚杂志内页版面效果，如下图所示。

操作要点：

1. 绘制文本框，执行"文件 > 置入"菜单命令，置入文本；

2. 绘制文本框，在溢流文本框旁边的红色加号图标上单击，串接文本；

3. 结合"文字工具"和"颜色"面板更改页面中的文本颜色；

4. 绘制文本框插入特殊字符，然后在字符下方绘制图形，添加底纹。

素材：随书光盘\课后练习\素材\04\01．02.jpg

源文件：随书光盘\课后练习\源文件\04\时尚杂志内页设计.indd

Chapter 05

画册设计

　　画册是一个展示平台，包括企业画册、产品画册和宣传画册，因此在进行画册设计前首先需要确定画册的性质，根据其性质来进行画册封面及内页的设计。画册顾名思义是以图为主，文字在画面中起辅助作用，在设计时主题产品或主要宣传的图片应当是整个页面的重心。

　　本章通过对画册设计的一些要点进行分析，并结合多个典型的案例介绍画册设计的具体操作流程，读者通过学习可运用 InDesign 独立完成画册的设计。

本章学习重点：

- 框架的创建与调整
- 图像的置入
- 调整图像的大小
- 图像的对齐并分布调整
- 调整图像边距
- 图像说明信息的添加

5.1 画册设计的要点与准则

画册设计是一个全局与细节相结合工作，它在设计的过程中不仅要对页面的整体布局有全面的掌控，同时还需要对单个页面中的细节进行逐渐完善，这样才能使设计出的作品更具有艺术感。在制作画册时，同时也需要遵循设计的一些重要原则，把握设计要点，将版面中的图片与文字等内容完美地结合到一起，获得更出色的视觉表现。

1. 主题鲜明突出

设计是需要创意的，一个好的创意会给人留下深刻的印象，但是只有正确的传达才会具有征服力和影响力，因此设计画册首先需要确保主题鲜明突出，通过版面的空间层次、主次关系以及彼此之间的逻辑关系突出要表现的主题，这样才能达到最佳的诉求效果，如下面的两幅图像所示，从图像上我们一眼就能知道画册中表现的信息为地产，画面中利用了大量的地产照片进行表现，使得设计的主题一目了然。

2. 抓住画册的主题和最终目的

制作画册的的最终目的是拿来给读者看的，通过画册来引导读者达到促进市场销售的目的。所以在设计画册前需要揣摩目标人群的心理，抓住不同目标人群的心理特征进行设置，这样才能让作品引起读者的共鸣。下面的两幅图像为时尚风格的画册版面设计，图像抓住时尚这一主题，应用了黑白色进行表现，刺激了读者眼球，使得整个画册更具有感染力。

3. 简洁明了

在设计画册时，我们需要考虑的是不要太高估阅读者对信息的理解和分析能力，在对页面的处理时，应当以简洁直观的表现方式将要传达的信息表现出来，让读者从作品中能够很迅速地知道并联想到你要让他知道的信息，如右图所示，这两幅图像分别展示的是画册的内页和封面效果，整个设计用简单的布局，让表

现的主题更加简单明了，一眼就知道画册要推广的产品为葡萄酒。

4．一针见血

由于画册的版面非常有限，所以画册在设计的过程中需要利用有限的图片和文字来向目标人群讲解故事，整个页面中图片和文字的处理，需要达到立竿见影的效果，切记不要过于复杂而忽略设计的最终目的。

5．合乎逻辑

没有逻辑的设计是不被人信服的，画册设计同样如此，没有说服力的画面设计不但不能正确引导读者，而且会给读者带来一定的思想误导，让整个画册变得毫无价值，如下图所示，展示的为茶具，在页面内容的处理上，采用了上文下图或左文右图的表达方式，遵循读者阅读的视觉导向，画面显得紧凑，富有逻辑性。

5.2　常用的画册开本尺寸

画册设计和所有设计一样，都有属于自己的尺寸，因此，设计画册前首先需要确定的就是画册的尺寸大小。在做画册设计时应当在常用规格以及尺寸的范围内，而在具体操作时，也应当考虑画册的纸张开数，避免纸张的浪费。下面为大家介绍常用的画册尺寸。

正度纸张（787mm×1092mm）	
开本	尺寸
2 开	736mm×520mm
4 开	520mm×368mm
8 开	368mm×260mm
16 开	260mm×184mm
32 开	184mm×130mm
64 开	136mm×97mm

大度纸张（889 mm×1194mm）	
开本	尺寸
2 开	570mm×840 mm
4 开	420mm×570 mm
8 开	285mm×420 mm
16 开	210mm×285 mm
32 开	203mm×140 mm
64 开	110mm×147mm

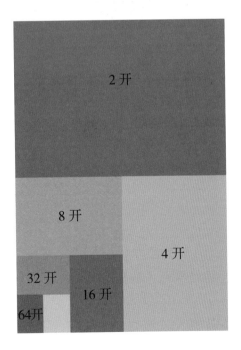

5.3 旅游宣传画册设计

前面对画册设计的要点以及开本进行了简单的介绍，本节将学习制作一本旅游宣传画册，利用 InDesign 中的图像编辑功能，完成结构严谨的画册版面设计。

【实例效果展示】

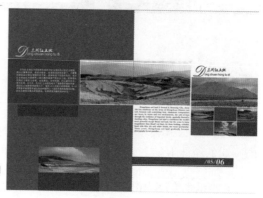

【案例学习目标】

学习在 InDesign 中的图像设置，包括框架的绘制、图像的置入、图像的大小调整、图像对齐、图像间距调整等。

素材：随书光盘 \ 素材 \05\01~26.jpg
源文件：随书光盘 \ 源文件 \05\ 旅游宣传画册设计 .psd

【案例知识要点】

使用"矩形框架工具"绘制矩形框架、用"直接选择工具"选择或调整图像、应用"置入"命令置入图像、使用"对齐"面板对齐图像和调整间距。

【创作要点：自由型版面】

自由型版面是指在版面结构中采用无规律的、随意性的手法安排页面中的图片、文字和其他版面元素，这样的版面能够给人一种轻松、

活泼的感觉。本章设计的画册即采用了自由型版面构建方式，将不同数量的图片自由安排在页面当中，利用不同的对齐方式进行处理，版面灵活，给人丰富的阅读体验，如右图所示。

【设计制作流程】

◯ 确定画册总页数，对每个页面进行简单的划分，确定页面中的图像的位置；

◯ 根据规划把准确的图像置入相应的页面，调整图像大小并为图像指定不同的对齐方式；

◯ 调整对齐图像之间的间距，让画面更加整齐，结合图形工具和文字工具进行文字的添加与设置。

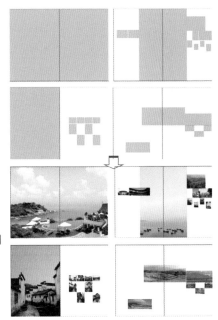

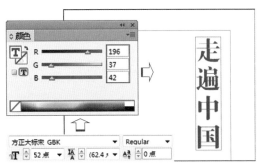

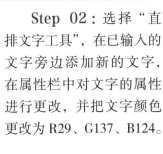

5.3.1　绘制框架置入图像

Step 01: 启动 InDesign CS6 应用程序，执行"文件 > 新建 > 文件"菜单命令，设置"页数"为 8，"宽度"为 184mm，"高度"为 260mm，单击"边距和分栏"按钮，在弹出的对话框中单击"确定"按钮，新建文件，选用"直排文字工具"在首页面中输入文字。

Step 02： 选择"直排文字工具"，在已输入的文字旁边添加新的文字，在属性栏中对文字的属性进行更改，并把文字颜色更改为 R29、G137、B124。

Step 03： 单击工具箱中的"矩形框架工具"按钮▣，选中"矩形框架工具"，从图像左上角往右下角单击并拖曳鼠标。

Step 04：当绘制的框架范围与当前文档大小相同时，释放鼠标，完成矩形框架的绘制，用"选择工具"选中绘制的矩形框架，执行"文件 > 置入"菜单命令，打开"置入"对话框，找到需要置入图片的具体位置："随书光盘 \ 素材 \05\01.jpg"后，单击"打开"按钮。

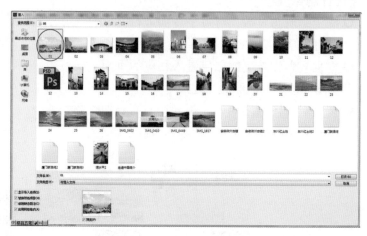

Step05：返回文档中，将选择的图像置入前面绘制好的矩形框架之中。

TIP: 框架或框架内容的删除

当在框架中添加图像后，如果要将添加的图像从框架中删除，则需要选中"直接选择工具"并在框架内单击，选择框架内的图像，若是需要永久删除图像，按下键盘上的 Delete 键即可；如果需要将框架和框架中的图像同时删除，则需要使用"选择工具"单击框架，再按下键盘上的 Delete 键。

5.3.2 调整图片的大小及位置

Step 01：选择矩形框架以及框架内的图像，执行"对象 > 适合 > 按比例填充框架"菜单命令，或者单击控制面板上的"按比例填充框架"按钮，按比例缩放框架内的图像使其适合于框架大小。

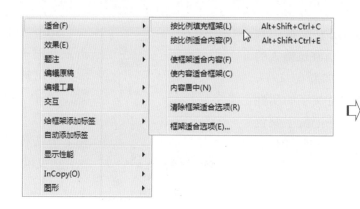

Step 02：单击工具箱中的"直接选择工具"按钮 🔍，单击矩形框架内的图像将其选中，此时将鼠标放在框架上时，鼠标指针显示为手形 🖑，在这里我们需要先调整一下框架内的图像的大小，所以单击并向左拖曳，拖曳时鼠标指针显示为箭头，如下图所示。

Step 03：用"选择工具"选中框架及图像，执行"对象 > 排列 > 置为底层"菜单命令，把置入画面中的图像移至前面创建的文字下方。

置于顶层(F)	Shift+Ctrl+]
前移一层(W)	Ctrl+]
后移一层(B)	Ctrl+[
置为底层(K)	Shift+Ctrl+[

5.3.3 移动并缩放对象

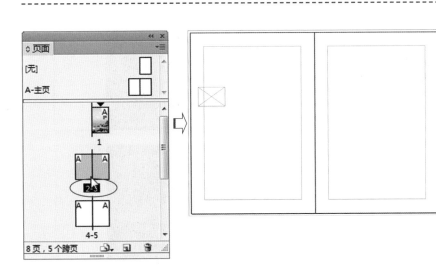

Step 01：打开"页面"面板，单击面板中的页面2-3，切换至第二和第三个文档页面，选择"矩形框架工具"，在左侧页面中单击并拖曳鼠标，绘制一个矩形框架。

Step 02 : 用"选择工具"选中绘制的框架，单击"色板"面板中的"黑色"，将绘制的框架填充为黑色。

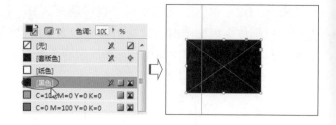

Step 03 : 选中黑色的矩形框架，执行"编辑 > 复制"菜单命令，或者按下快捷键 Ctrl+C，复制矩形框架，再执行"编辑 > 粘贴"菜单命令，或按下快捷键 Ctrl+V，粘贴复制的框架对象，选择"移动工具"，把复制的矩形框架向右移至原框架右侧。

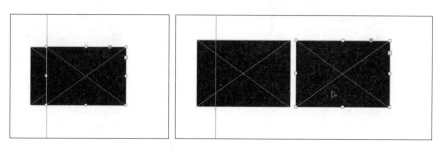

Step 04 : 用"选择工具"选中右侧的矩形框架，将鼠标移动到框架右边线位置，当光标变为双击箭头↔时，单击并拖曳鼠标，调整框架大小，得到更宽的矩形框架，如下图所示。

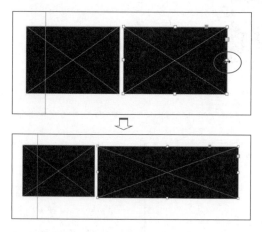

Step 05: 执行"编辑 > 复制"菜单命令，或者按下快捷键 Ctrl+C，复制矩形框架，再执行"编辑 > 粘贴"菜单命令，或按下快捷键 Ctrl+V，再次粘贴复制的矩形框架，应用相同的操作方法，调整矩形框架的大小。

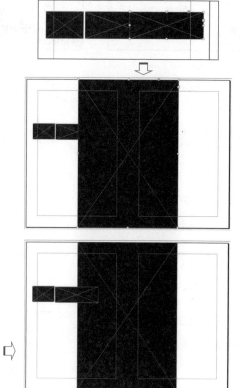

Step 06: 选中画面中间的矩形框架，执行"对象 > 排列 > 置为底层"菜单命令，把选中的大的黑色矩形框架移到最底层。

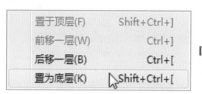

Step 07：继续使用同样的方法，在画面中设置更多不同大小的框架，并根据需要把这些框架调整到指定的位置，用"选择工具"选中此页面中绘制的第一个框架，执行"文件 > 置入"菜单命令，打开"置入"对话框，在对话框中选中"随书光盘 \ 素材 \05\03.jpg"图像，单击"打开"按钮。

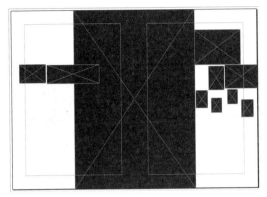 

Step 08：返回文档中，将选中的图像置入框架中，执行"对象 > 适合 > 按比例填充框架"菜单命令，或者单击控制面板上的"按比例填充框架"按钮，按比例缩放框架内的图像使其适合于框架大小。

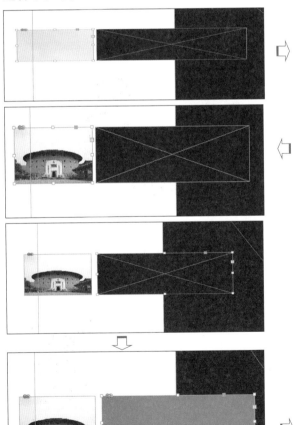 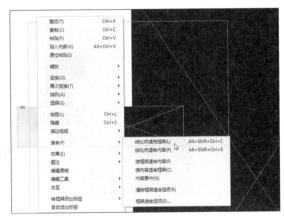

Step 09：用"选择工具"选中旁边的另一个矩形框架，执行"文件 > 置入"菜单命令，打开"置入"对话框，在对话框中选中"随书光盘 \ 素材 \05\02.jpg"图像，单击"打开"按钮，返回文档中，将选择的图像置入框架中，单击控制面板上的"按比例填充框架"按钮，调整框架内的图像大小。

Step 10：用"选择工具"选中旁边的另一个矩形框架，执行"文件>置入"菜单命令，打开"置入"对话框，在对话框中选中"随书光盘\素材\05\04.jpg"图像，单击"打开"按钮，返回文档中，将选择的图像置入框架中。

Step 11：返回文档中，将选中的图像置入框架中，执行"对象>适合>按比例填充框架"菜单命令，或者单击控制面板上的"按比例填充框架"按钮，按比例缩放框架内的图像使其适合于框架大小。

Step 12：单击工具箱中的"直接选择工具"按钮，单击框架选中框架中置入的图像，将鼠标移至图像右上角的位置，当鼠标变为双向箭头时，单击并向右上角拖曳鼠标，如下图所示。

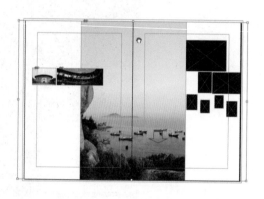

Step 13：当拖曳到满意大小后，单击页面中的任意空白区域，查看调整大小后的图像效果，如下图所示。

Step 14：再次用"直接选择工具"选中框架中的图像，将鼠标移至图像上方，单击并拖曳鼠标，调整框架中的图像位置。

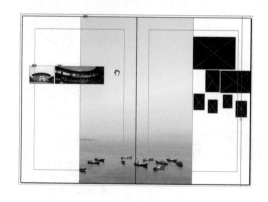

Step 15：调整完成后，我们看到框架中显示的图像更加干净，继续使用同样的操作方法，在其他几个页面中也绘制框架，然后向框架中置入图像，完成画册中的图像置入操作。

5.3.4　对齐并分布对象

Step 01：单击工具箱中的"选择工具"按钮，按住 Shift 键不放，单击页面 2 左上角的两个图像，将这两个图像同时选中，执行"窗口 > 对象和版面 > 对齐"菜单命令，打开"对齐"面板，单击面板中的"顶对齐"按钮，对齐图像。

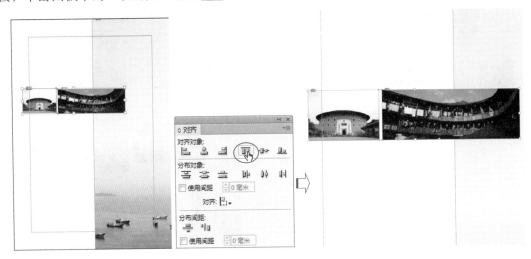

Step 02: 单击工具箱中的"选择工具"按钮，按住 Shift 键不放，单击页面 3 中间的两个图像，将这两个图像同时选中。

TIP: 选择多个对象

在 InDesign 中，如果要选择一个矩形区域内的所有对象，可使用"选择工具"将选框拖到要选择的对象上；如果要选择不相邻的对象，则使用"选择工具"选择一个对象，然后按下 Shift 键单击其他对象。

Step 03：打开"对齐"面板，单击面板中的"底对齐"按钮 ，对齐选中的两张图像。

Step 04：继续使用同样的方法，用"选择工具"选中页面 3 中的其他图像，根据需要适当调整这些图像的对齐方式，使画面看起来更整齐，效果如下图所示。

Step 05：单击"页面"面板中的页面 4-5，切换至该页面，用"选择工具"同时选中两幅图像，单击"对齐"面板中的"左对齐"按钮 ，如下图所示，对齐选中的图像。

Step 06：按住 Shift 键不放，依次单击并选中第一排的四幅图像，打开"对齐"面板，单击面板中的"底对齐"按钮 ，对齐选中的四幅图像。

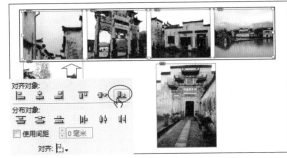

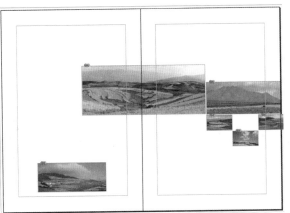

Step 07：继续使用同样的方法，对更多图像应用对齐操作，调整图像的对齐方式，得到更整齐的画面效果。

5.3.5　图片间距的调整

Step 01：切换到页面 2-3，用"选择工具"同时选中文档中左页面中的两张图片外框架，打开"对齐"面板，勾选"使用间距"复选框，然后在旁边的数值框中输入数值 2，单击"水平分布间距"按钮 ，调整选中图像的水平间距，如下图所示。

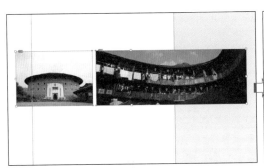
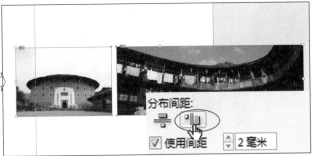

> **TIP: 使用间距的显示与隐藏**
> 在"对齐"面板中利用"分布间距"选项可以调整选中对象之间的间距，通过勾选"使用间距"复选框并输入数值即可实现。如果打开"对齐"面板，发现面板中无"分布间距"选项，那么我们可以单击"对齐"面板右上角的扩展按钮，在展开的面板菜单中执行"显示选项"进行显示。

Step 02：采用同样的方法，同时选中文档右页面中的四张图片外框架，打开"对齐"面板，勾选"使用间距"复选框，然后在旁边的数值框中输入数值7，单击"水平分布间距"按钮 ▣□ ，调整选中图像的水平间距，如下图所示。

Step 03：单击"页面"面板中的页面4-5，切换至相应的页面，同时选中文档中右页面第一排的四张图片外框架，打开"对齐"面板，勾选"使用间距"复选框，然后在旁边的数值框中输入数值2，单击"水平分布间距"按钮 ▣□ ，调整选中图像的水平间距，如下图所示。

Step 04：用"选择工具"选中另外的两张图片外框架，打开"对齐"面板，勾选"使用间距"复选框，然后在旁边的数值框中输入数值42，单击"垂直分布间距"按钮 ▤ ，调整选中图像的垂直间距，如左图所示。

Step 05：调整图像的垂直间距后，我们发现图像没有对齐，因此再选中图像，单击"对齐"面板中的"右对齐"按钮 ▤ ，对齐框架以及图像，如右图所示。

Step 06：继续使用同样的方法，调整另外的图像的间距，然后把调整后的图像重新对齐。

5.3.6 为图像添加说明信息

Step 01：单击工具箱中的"文字工具"，在页面2-3左页面中绘制文本框，输入与图像相对应的文字信息"厦门鼓浪屿"，然后结合控制面板和"颜色"面板，调整文字属性和颜色，如下图所示。

Step 02：继续使用"文字工具"在文字旁边输入字母"Xia men Gulang Yu"，输入后选择工具箱中的"矩形工具"，在图像下方绘制一个白色的矩形，如下图所示。

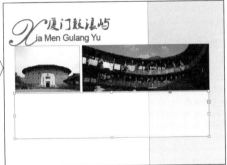

Step 03：选中绘制的白色矩形，执行"窗口 > 效果"菜单命令，打开"效果"面板，在面板中把"不透明度"设置为46%，得到半透明的矩形效果，如左图所示。

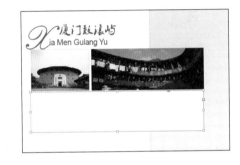

Step 04：继续使用同样的方法，在页面中绘制另一个白色矩形，并将绘制的矩形的"不透明度"也调整为46%，如右图所示。

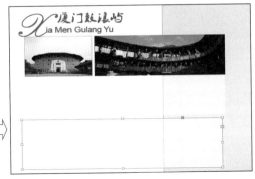

Step 05:用"选择工具"同时选中绘制的两个白色矩形,打开"对齐"面板,单击面板中的"右对齐"按钮，对齐矩形对象,如下图所示。

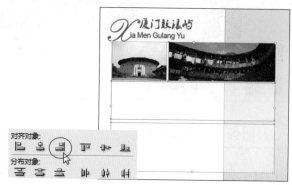

Step 06：执行"文件 > 置入"菜单命令,打开"置入"对话框,如左图所示,在对话框中选择"随书光盘 \ 素材 \05\ 厦门鼓浪屿 .txt"文档,然后单击"打开"按钮,

Step 07：返回文档中,鼠标旁边出现"厦门鼓浪屿 .txt"的缩略图,拖动鼠标,绘制文本框置入文本,然后根据画面需要,调整文本框中的文字属性,然后将置入的文本颜色更改为 R74、G12、B18。

Step 08：选择"文字工具",将鼠标移至文本的起点位置,单击鼠标显示光标插入点,按下键盘中的空格键,调整首行文字的起始位置,继续使用同样的方法,在页面中设置"厦门鼓浪屿 2"文本对象。

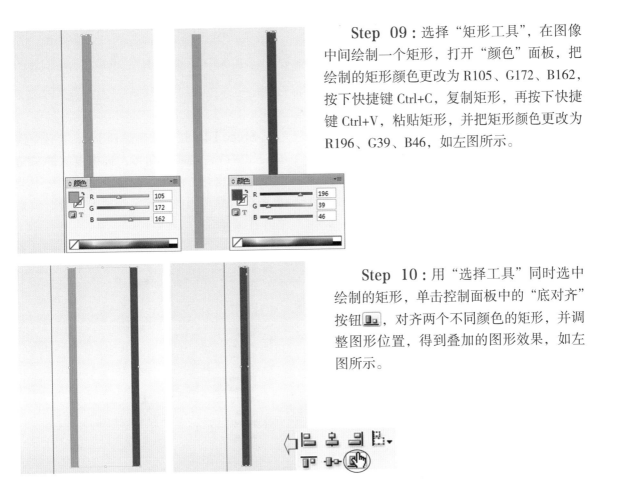

Step 09 : 选择"矩形工具"，在图像中间绘制一个矩形，打开"颜色"面板，把绘制的矩形颜色更改为 R105、G172、B162，按下快捷键 Ctrl+C，复制矩形，再按下快捷键 Ctrl+V，粘贴矩形，并把矩形颜色更改为 R196、G39、B46，如左图所示。

Step 10 : 用"选择工具"同时选中绘制的矩形，单击控制面板中的"底对齐"按钮，对齐两个不同颜色的矩形，并调整图形位置，得到叠加的图形效果，如左图所示。

Step 11 : 结合"文字工具"和"直排文字工具"在矩形右侧绘制两个文本框架，然后在文本框中输入文字，介绍页面中的图像。

Step 12 : 选用"矩形工具"在页面 2-3 中的右页面中绘制一个灰色的矩形，同时选中绘制的矩形和上方的景点图像，打开"对齐"面板，单击面板中的"左对齐"按钮，对齐选中的矩形和图像，如下图所示。

　　Step 13：双击"多边形工具"按钮 ，打开"多边形设置"对话框，在对话框中设置"边数"为 3，"星形内陷"为 0%，单击"确定"按钮，在画面中绘制一个三角形效果，如下图所示。

　　Step 14：按下快捷键 Ctrl+C，再按下快捷键 Ctrl+V，复制三角形，选中复制的三角形对象，执行"对象 > 变换 > 垂直翻转"菜单命令，翻转图像并移至合适的位置，效果如下图所示。

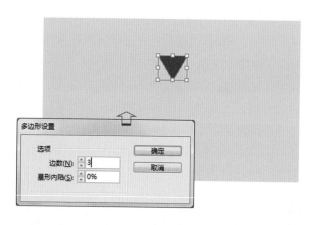

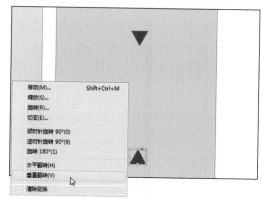

　　Step 15：选用"直排文字工具"在两个矩形的中间位置绘制文本框，输入图片对应的文字，再同时选中三角形和文本对象，单击"对齐"面板中的"水平居中对齐"按钮，对齐对象，如左图所示。

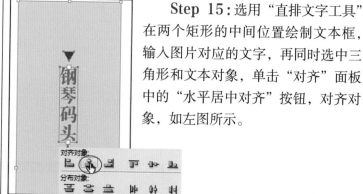

　　Step 16：继续使用同样的方法，复制图形并输入文字，对图形和文字设置相同的对齐效果。

Step 17：结合前面所讲的操作方法，为页面4-5．6-7和页面8中的图像也添加上对应的介绍信息，完成旅游画册的设计。

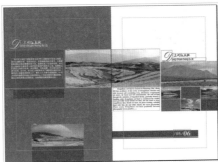

5.4　举一反三

通过前面的学习，我们了解了如何处理画册中的图片，掌握了框架的绘制与调整、图像的置入与调整等重要知识，下面利用所学知识对案例中的画册做调整，更改文档页面中的图像大小和摆放位置，制作另外一个不同效果的旅游宣传画册效果，如下图所示。

操作要点：

1．用"选择工具"选择框架对象，将鼠标移至框架的边缘位置，并根据需要调整框架的大小，再根据新的版面需要，更改框架的位置；

2．选择框架对象，调整框架内的图片与框架的适合方式，根据具体的情况处理框架中所显示的图像；

3．调整页面中文字的位置，用"选择工具"把文字选中，再分别把选中的文字移至对应图片旁边。

源文件：随书光盘 \ 举一反三 \ 源文件 \05\ 旅游宣传画册设计 .indd

5.5　课后练习——家装公司画册

　　本章主要学习画册的设计与制作方法，通过本章内容大家可以学到框架的绘制与复制、图像的置入、框架内图像的调整、图像的对齐与间距调整等内容。为了巩固本章所学知识，下面我们为大家准备一个课后习题，制作一个品牌家装公司画册，效果如下图所示。

　　操作要点：

　　1. 创建包含多个页面的文档，在"页面"面板中选中文档页面，在各个页面中绘制不同大小的框架，用于图像的置入；

　　2. 选择框架，把准确的素材图像置入对应的框架中，根据版面需要调整框架中的图像的大小和位置；

　　3. 在页面中的空白区域输入与图像相符的文字信息，完成画册页面的设计。

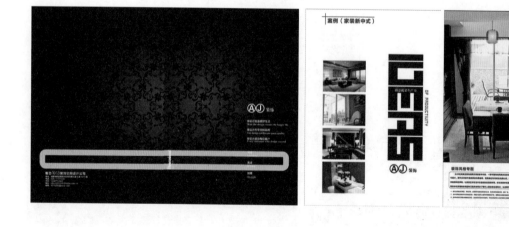

素材：随书光盘 \ 课后练习 \ 素材 \05\01~17.jpg

源文件：随书光盘 \ 课后练习 \ 源文件 \05\ 家装公司画册 .indd

Chapter 06

网页设计

网页设计作为一种视觉语言，特别讲究编排与布局，它通过页面中的图像、图形、文字等元素的组合设计，让页面表达出一种和谐与美，使页面呈现最佳的视觉表现效果。一个完整的网页中一般会包含很多的图像、图形与文字等元素，如何有效地组织与管理网页中的元素是让网页获得成功的关键。

本章主要对网页的设计构成与要点进行分析，结合典型的设计案例介绍网页的设计与制作方法，让读者学会利用InDesign中的图层功能管理页面对象。

本章学习重点：

- 更改图层选项
- 在图层中置入图片
- 复制图层
- 图层顺序调整
- 锁定图层
- 创建新图层添加元素

6.1　网页的构成与布局

很多网页都是由多个部分组成的。一般情况下，网页大多包括标题、网站标志、导航栏、页眉、页面内容以及页脚等部分。

1．网页标题

网页标题是对一个网页的高度概括，一般来说，网站首页的标题就是网站的正式名称。

2．网站标志

网站标志如同商品的商标，独特的形象标志，在网站推广中起到事半功倍的效果。设计制作网站标志应该体现该网站的特色和内容，标志一般在页面的显要位置，通常在页眉中。

3．页眉

页眉是文档中每个页面的顶部区域。常用于显示文档的附加信息，可以插入时间、图形、公司徽标、文档标题、文件名或作者姓名等。

4．导航栏

导航栏是网站设计中最重要的元素，它通过一定的技术手段，为网站的访问者提供一定的途径，使其可以方便地访问到所需的内容。导航栏一般有四种位置，在页面的顶部、左侧、右侧和底部。

5．网页内容

文字与图片是构成网页内容的的两个基本元素，除此之外，在网页中还包括动画、音乐、程序、超链接等。将这些元素按一定的规律编排起来，才能得到一个完整的页面。

6．页脚

页脚是页面底端部分，通常用来标注该网站点所属的公司或工作室的名称、地址，网站的版权，电子信箱的超链接等。设计页脚的目的是为了让浏览者了解该站点所有者的一些情况。

6.2　网页设计的要点和注意事项

图形作为平面设计的主要构成元素，是一种极具表现力的视觉语言。对图形形态的编排，通常能够赋予其明显的视觉特征，使版面更具有多样的视觉评议与独特的个性。

1．富有冲击力的图片选择

不论设计任何类型的网站，恰到好处又吸引眼球的图片总是非常重要的。虽然读者通常只关注网站的内容，但吸引人的相关图片也可以起到对内容的辅助作用，会增添画面的美感。不过，在网页中使用图片元素时，不管它是静态还是动态图片，都要注意颜色的搭配。颜色使用过多容易造成视觉混乱，使用单一颜色往往会产生强烈的视觉冲击，如下左图所示。

2．适当地使用页面空白

简洁的网页设计是成功的先决条件之一。设计师在网页中巧妙添加动画、视频、图形、图像等多种元素的同时，应尽量避免过度使用这些元素，适当处理页面的边距和留白，这样能让设计处理的网页更具有吸引力，如下右图所示的网页中即可以看到页面留白效果。但在网页设计中，需要维持页面元素的整动流动性，切勿过度使用留白。

3．选用合适的字体

在一个网页中，文字的作用非常重要，因此在设计时，为网页中的信息选择合适的字体是必不可以少的一项操作。选择字体的时候，应该注意文字的可读性，网页中的文字应该充分考虑页面的用途、目标客户及客户公司的性质。在众多的字体中，选择一种或多种字体进行合适的搭配，不但可以增加页面的可读性，更可以为画面带来良好的视觉效果，如下左图所示即运用了多种不同的字体进行组合设计，画面中利用简单的文字来吸引观者的眼球，获得更多的认可。

4．选择合适的配色方案

任何网站的设计都离不开合适的配色方案的设计，它决定了网页最终的整体效果。对于大多数网页设计来讲，页面中的颜色相对比较单一，如果设计者选用过多复杂的颜色，不但会降低页面内容的可读性，同时还会给人一种很杂乱的视觉感。如下右图所示的页面中，采用了单一的纯色背景为主色，然后在页面中穿插少量其他的颜色，使得整个网页的用色非常单一，版面看起来非常干净、整洁，具有一定的感染力。

5．注意页面的导航栏与可用性

网页的最终设计是供人们使用，设计者在进行网页设计的过程中，往往希望一切都是完美的，但很多时候好的网页并不一定好用，因此我们在设计页面时，不但需要保持网站导航的直观性，更是要避免页面中使用的导航元素给初次访问者和技术新手带来麻烦或困惑，如下右图所示利用了不同的色块作为导航栏，突出了画面的层次感，也使页面操作更为简单。

6.3 汽车类网页设计

前面介绍了网页的构成、网页设计的要点与注意事项，本节我们将根据前面所学知识制作一个简单的汽车类网页，学习使用 InDesign 中的图层功能调整与管理网页元素。

【实例效果展示】

【案例学习目标】

学习在 InDesign 中的图层编辑，包括创建新图层、图层选项的更改、图层中对象的顺序等。

素材：随书光盘 \ 素材 \08\01.psd、02~08.ai、09.psd

源文件：随书光盘 \ 源文件 \08\ 汽车类网页设计 .psd

【案例知识要点】

使用"图层"面板中的按钮创建新图层、执行"新建图层"命令创建图层、在"图层"面板中选择并复制图层、应用"置入"命令在图层中添加图像、使用"文字工具"在图层中输入文字、使用"钢笔工具"在指定图层中绘制图形等。

【创作要点：无彩色】

在平面设计中合适合理地运用无彩色，不仅能营造出与众不同的画面，更能展现独具魅力的设计效果。本设计作品中即可看到无彩色的运用，画面巧用无彩色的黑白画面展现出具有怀旧质感的汽车，通过黑、白、灰的均匀过渡，如下左图所示，给人以时尚、平和的印象，同时，在汽车轮胎位置保留一小部分红色，使得整个设计更有亮点，如下右图所示。

【设计制作流程】

◎ 对版面进行分区，利用基础图形绘制工具绘制出简单的版面框架，确定整个网页的版面风格；

◎ 创建图层，在图层中绘制框架确定网页图像的摆放位置，并把准备的素材图像导入页面中，根据需要调整图像的大小和显示内容；

◎ 在页面中的各个位置输入相应的文字并添加简单的小图标效果。

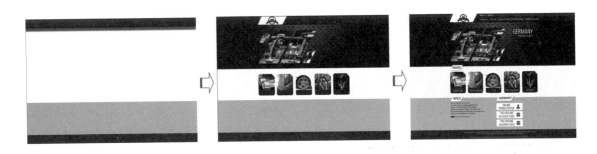

6.3.1　图层选项的设置

Step 01：启用 InDesign CS6 程序，新建一个空白文档，执行"文件 > 新建 > 文档"菜单命令，打开"新建文档"对话框，在对话框中单击"横向"按钮，单击"边距和分栏"按钮，如下左图所示，打开"新建边距和分栏"对话框，在对话框中单击"确定"按钮，如下右图所示。

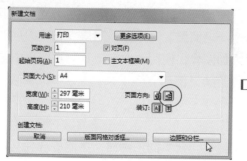

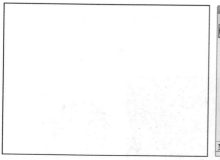

Step 02：新建文档页面，执行"窗口 > 图层"菜单命令，打开"图层"面板，在面板中显示"图层 1"图层，如左图所示。

Step 03：在"图层"面板中双击"图层 1"图层，如下左图所示，打开"图层选项"对话框，在对话框中输入图层名称为"网页主构架"，如下中图所示，输入完成后单击"确定"按钮，返回"图层"面板，在面板中查看到更改后的图层选项，如下右图所示。

Step 04：单击"网页主构架"图层，选择工具箱中的"矩形工具"，在页面顶部绘制一个黑色矩形，如下图所示。

Step 05：双击"渐变色板工具"按钮，打开"渐变"面板，单击面板中左侧的色标，设置颜色为 R37、G37、B37，再单击右侧的色标，设置颜色为 R20、G20、B20，然后在"渐变"面板中设置角度为 –90，为矩形填充渐变色。

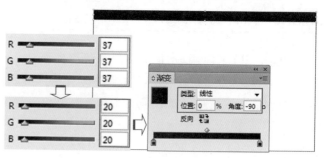

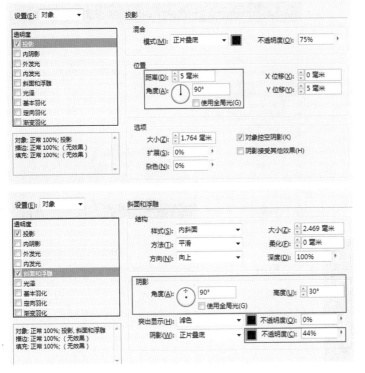

Step 06：执行"对象>效果>投影"菜单命令，打开"效果"对话框，在对话框中设置"距离"为5毫米，"角度"为90°，"Y位移"为5毫米，其他参数值不变，如左图所示。

Step 07：单击"效果"对话框中的"斜面和浮雕"效果，选择"内斜面"样式，设置"角度"为90°，"高度"为30°，阴影"不透明度"为44%，其他参数不变，如左图所示。

Step 08：设置后单击"确定"按钮，返回文档页面，在图像上看到为图形添加的效果，如下图所示。

Step 09：单击"页面主构架"图层，选用"矩形工具"继续绘制一个矩形，然后为绘制的矩形填充上从R37、G37、B37到R48、G48、B48的线性渐变，并设置渐变角度为 –90°，如下图所示。

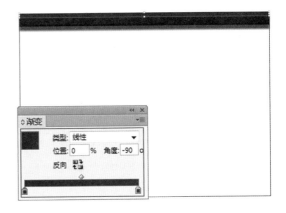

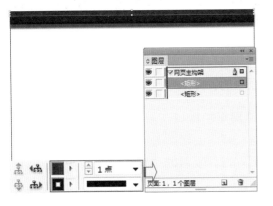

Step 10：打开"图层"面板，在面板中单击"网页主构架"图层下方的上一个"矩形"，选中图层中的矩形，在控制面板中将矩形描边颜色改为黑色，设置描边粗细为1点，如左图所示。

Step11：继续使用同样的方法，运用"矩形工具"在页面中绘制更多不同大小、颜色的矩形效果，并在"图层"面板中创建相应的图层，如右图所示。

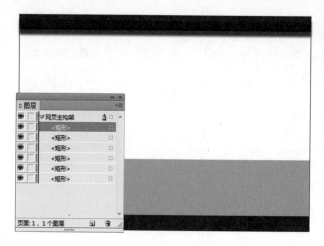

Step 12：选择工具箱中的"直线工具"，在控制面板中设置"粗细"为"1点"，然后在页面顶部按下 Shift 键单击并拖曳鼠标，绘制白色的垂直线条，绘制完成后会在"图层"面板中显示"直线"，如左图所示。

Step 13：单击"选择工具"按钮 ，选中页面中绘制直线，执行"对象 > 效果 > 渐变羽化"菜单命令，打开"效果"对话框，在对话框中设置羽化类型为"线性"，"角度"为90°，再适当调整色标位置，控制羽化程度，如下左图所示，设置后单击"确定"按钮，返回文档页面，查看羽化效果，如下右图所示。

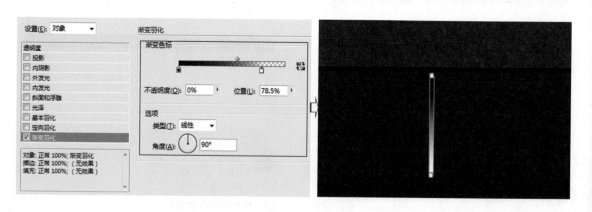

6.3.2　图层的复制

Step 01：打开"图层"面板，在面板中单击"网页主构架"图层组中"直线"图层，如下左图所示，将此图层中的直线选中，然后将其拖曳至"创建新图层"按钮 上，如下中图所示，释放鼠标，复制图层在原"直线"图层下方得到复制的"直线"图层，如下右图所示。

Step 02：单击下方一个"直线"图层，将此图层选中，再单击并向上拖曳图层，如右图所示，将下方的"直线"图层移至"网页主构架"图层组最上层。

Step 03：单击"选择工具"按钮，在页面中单击复制的直线对象将其选中，然后将选中的直线向右拖曳，得到并排的两条直线效果，如下图所示。

Step 04：继续使用同样的操作方法，复制更多的直线，得到对应的"直线"图层，如下图所示。

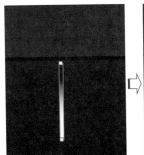 

Step 05：单击"选择工具"按钮，在页面中单击各图层中复制的直线将其选中，然后将选中的直线向右拖曳，得到更多并排的直线效果，如下图所示。

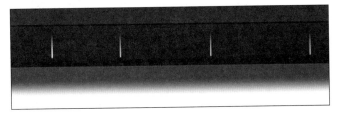

TIP：删除图层
　　复制了多个图层后，如果需要将其中一个图层删除，则需要选中该图层，单击"图层"面板中的"删除选定图层"按钮将其删除，如果需要同时删除多个图层，则按下 Shift 键选择要删除的图层，再单击按钮进行删除操作。

6.3.3　对不同的图层进行元素的置入

Step 01：打开"图层"面板，在面板中单击"网页主框架"图层前的倒三角形按钮，如下左图所示，收缩"网页主构架"图层中的对象，效果如下右图所示。

Step 02：单击"图层"面板右上角的扩展按钮，打开"图层"面板菜单，在菜单中单击"新建图层"选项，如下图所示。

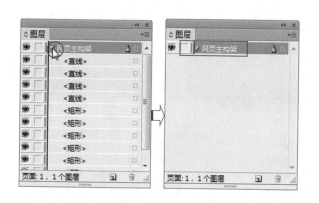

Step 03：打开"新建图层"对话框，在对话框中输入图层名为"网页图像"，如下左图所示，单击"颜色"右侧的下拉按钮，在展开的列表中选择"绿色"选项，如下右图所示，将新建的图层颜色设置为绿色，再单击"确定"按钮。

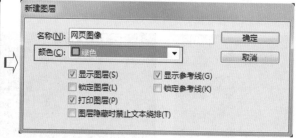

Step 04：返回"图层"面板，在"图层"面板中显示新建的"网页图像"图层，如左图所示。

Step 05：在"图层"面板中选中"网页图像"图层，用"钢笔工具"在页面中绘制一个多边形，设置填充色为 R247、G247、B247，如下图所示。

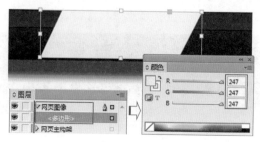

Step 06：在"图层"面板中选中"网页图像"图层，执行"文件 > 置入"菜单命令，把随书光盘 \ 素材 \10\01.psd 标志素材置入多边形上方，如下左图所示，回到"图层"面板，在面板中的"网页图像"图层下显示 01.psd 对象，如下右图所示。

 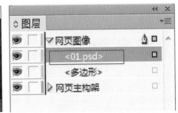

Step 07：在"图层"面板中继续选择"网页图像"图层，然后在页面中绘制一个矩形，并将矩形填充为黑色，如下左图所示，用"选择工具"单击选中黑色矩形，执行"文件 > 置入"菜单命令，置入随书光盘 \ 素材 \10\02.jpg 底纹素材，如下右图所示。

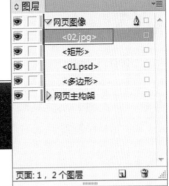

Step 08：在"图层"面板中选择"网页图像"图层，用"钢笔工具"在页面中绘制多个不同大小的黑色四边形，打开"路径查找器"面板，单击面板中的"相加"按钮，如左图所示，将绘制的图形创建为一个复合路径，如下图所示。

Step 09：选中"网页图像"图层后，用"选择工具"选中图层中的复合图形，执行"文件 > 置入"菜单命令，置入随书光盘 \ 素材 \10\03.jpg 汽车图像，单击"控制"面板中的"按比例填充框架"按钮，调整框架内的图像大小，效果如下图所示。

Step 10：单击"选择工具"按钮，单击选中置入的汽车图像，在"控制"面板中设置"描边"为无，如下图所示，再运用"矩形框架工具"在下方绘制一个用于置入图形的矩形框架对象。

 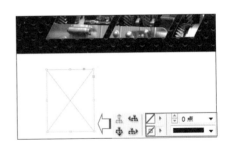

Step 11:用"选择工具"选中框架对象,执行"对象>角选项"菜单命令,打开"角选项"对话框,将左上角、左下角、右下角的转角大小设为3毫米,转角形状为圆角,将右上角转角大小设置为5毫米,转角形状为斜角,如下左图所示,设置后单击"确定"按钮,返回文档页面,查看设置的转角效果,如下右图所示。

Step 12:在"图层"面板中选中"网页图像"图层,用"选择工具"选中调整后的矩形框架,执行"文件>置入"菜单命令,置入随书光盘\素材\06\04.jpg汽车图像,并调整置入图像的大小和位置,如右图所示。

Step 13:在"图层"面板中选中"网页图像"图层,继续使用同样的方法,在图层中置入更多的图像效果,如下图所示。

Step 14:置入图像以后,按下快捷键Ctrl++,放大图像,此时可以看到位于汽车图像上的线条对象,如下图所示。

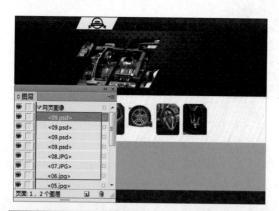

Step 15:此处我们需要把线条放在汽车图像下方,因此在"图层"面板中的"网页图像"图层中,按住Shift键不放,把09线条对象同时选中,将其移至03.jpg对象上方,调整图层中的对象排列顺序。

6.3.4　图层的锁定

Step 01：经过前面的操作完成了网页图像的置入，由于后面暂时不会再对其进行编辑，所以单击"网页图像"图层前的小方框，即眼睛图标后的小方框，如右图所示，将"网页图像"图层锁定。

Step 02：再单击"网页主构架"图层名前的小方框，将"网页主构架"图层也锁定起来，如右图所示。

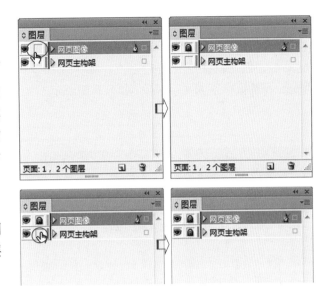

6.3.5　创建新图层添加元素

Step 01：单击"图层"面板底部的"创建新图层"按钮 ，新建"图层 3"图层，如下左图所示，双击该图层，打开"图层选项"对话框，在对话框中将图层名改为"网页文字"，并设置图层颜色为"红色"，如下中图所示，单击"确定"按钮，创建"网页文字"图层，效果如下右图所示。

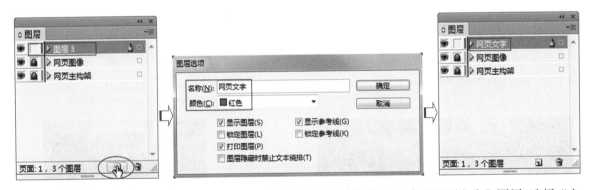

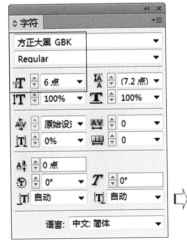

Step 02：在"图层"面板中选中"网页文字"图层，选择"文字工具"，新建文本框后，在文本框中输入字符 HOME，打开"字符"面板，设置字体为"方正大黑 GBK"，字体大小为"6 点"，如下左图所示，然后选中文本框中的文字，在"颜色"面板中将"填色"设置为 R239、G239、B239，如下中图所示，完成设置后在"网页文字"图层中显示输入的 HOME 文本对象，如下右图所示。

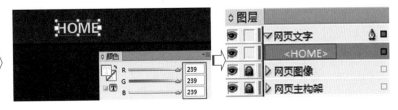

Step 03： 在"图层"面板中选中"网页文字"图层中的"HOME"文字对象，将其拖曳至"创建新图层"按钮上方，如下左图所示，释放鼠标复制文字对象，如下右图所示。

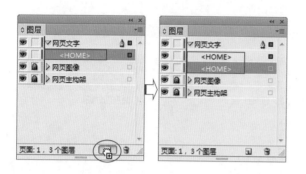

Step 05： 选择工具箱中的"文字工具"，单击第二个文本框中的文字，将文本框中的文字删除，输入文字 MAIL，更改文本框中的文字信息，如右图所示。

Step 04： 选择工具箱中的"选择工具"，单击"网页文字"图层下方其中一个"HOME"文本对象，然后向右拖曳至合适的位置，如下图所示。

Step 06： 继续使用同样的方法，选中"网页文字"图层，在图层中绘制更多的文本框，然后在各个文本框中输入相应的文字信息，输入后的效果如下图所示。

Step 07： 在"图层"面板中选中"网页文字"图层，选用"矩形工具"在文字 Wheel axle 下方绘制一个矩形，在"颜色"面板中把矩形填充色设置为 R28、G28、B28，如下图所示。

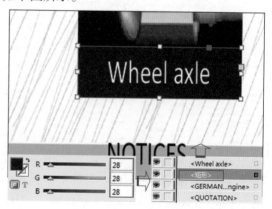

Step 08： 选中绘制的矩形对象，执行"对象>角选项"菜单命令，打开"角选项"对话框，在对话框将左上角转角大小设置为 3 毫米，右上角转角大小设置为 5 毫米，左下角和右下角转角大小设置为 3 毫米，转角形状为圆角，如下左图所示，设置完成后单击"确定"按钮，返回文档页面，查看转角效果，如下右图所示。

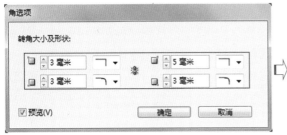

Step 09：执行"对象>效果>斜面和浮雕"菜单命令，打开"效果"对话框，在对话框中设置样式为"内斜面"，"大小"为 1 毫米，突出显示"不透明度"为 20%，其他参数不变，如下左图所示，设置完成后单击"确定"按钮，应用效果突出图形上方的文字对象，如下右图所示。

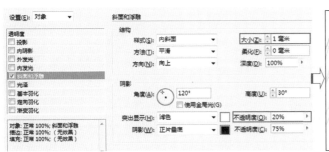

Step 10：打开"图层"面板，在面板中选中"网页文字"图层中的"矩形"对象，将其拖曳至"创建新图层"按钮上，如左图所示，释放鼠标，复制图层中的对象。

Step 11：用"选择工具"选中复制的矩形对象，把选中的矩形对象移至文字"The headlamps"文字对象下方，如下图所示。

Step 12：继续使用同样的方法，在"网页文字"图层中复制更多的矩形，然后把这些复制的矩形移至相应的文字下方以突出上层的文字效果，如下图所示。

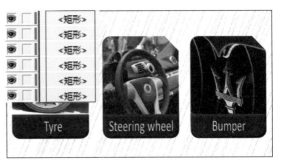

Step 13：在"图层"面板中选中"网页文字"图层，在文字 SERVICES 下方选用"钢笔工具"绘制一个多边形，将图形填充色设置为"纸色"，描边颜色为 R228、G228、B228，如下图所示。

Step 14：双击工具箱中的"渐变羽化工具"按钮，打开"效果"对话框，在对话框中选择"投影"效果，设置投影"不透明度"为 47%，"距离"为 1 毫米，"角度"为 135°，其他参数不变，如下图所示。

Step 15：设置完后单击"确定"按钮，返回文档页面，查看添加投影后的图形效果，如左图所示。

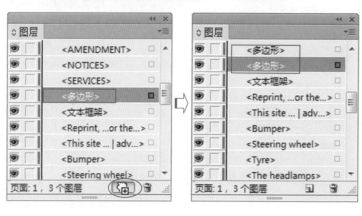

Step 16：打开"图层"面板，在面板中选中"网页文字"图层中的"多边形"对象，将其拖曳至"创建新图层"按钮上，如左图所示，释放鼠标，复制图层中的对象。

Step 17：单击工具箱中的"选择工具"按钮，选中复制的多边形对象，把多边形对象移至文字 NOTICES 下方，如右图所示。

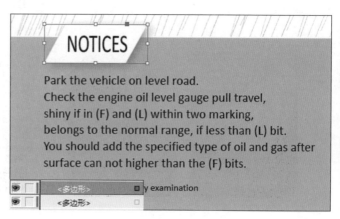

Step 18：继续使用同样的方法，再复制一个多边形对象，把复制的多边形对象移至文字 AMENDMENT 下方，如下图所示。

Step 19：单击"选择工具"按钮，选中文字 AMENDMENT 下方的多边形对象，然后用"直接选择工具"调整多边形的大小，调整后的效果如下图所示。

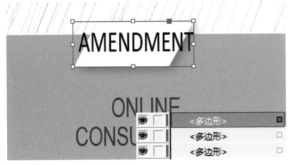

Step 20：在"图层"面板中选中"网页文字"图层，选择"矩形工具"在页面中的文字 ONLINE CONSULTATION 下方绘制一个矩形，然后在"控制"面板中将矩形填充色设置为"纸色"，"描边"为无，如下图所示，设置后的效果如右图所示。

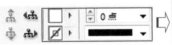

Step 21：用"选择工具"选中白色矩形，执行"对象 > 角选项"菜单命令，打开"角选项"对话框，在对话框中设置四个角的转角大小为 1 毫米，转角形状为圆角，如下左图所示，设置完成后单击"确定"按钮，返回页面，为图像添加转角效果，如下右图所示。

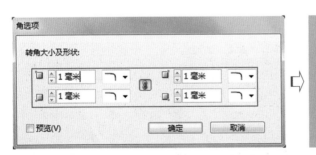

Step 22：打开"图层"面板，在面板中选中"网页文字"图层中的"矩形"对象，将其拖曳至"创建新图层"按钮上，如左图所示，释放鼠标，复制图层中的对象。

Step 23：单击"选择工具"按钮
，选中白色圆角矩形，单击并向下拖曳图层中的矩形对象，调整每个矩形位置，得到并排的矩形效果，如右图所示。

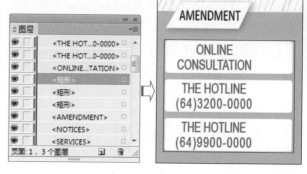

Step 24：前面介绍了图层创建方法，下面使用同样的方法，再创建一个"小图标"图层，如下图所示，用于网页图标的绘制。

Step 25：在"图层"面板中选中"小图标"图层组，选择"钢笔工具"，在文字 HOME 前方绘制一个白色房子形状，继续使用同样的方法，在页面中绘制出更多的小图标效果，如下图所示。

6.4　举一反三

在一个图片与元素较多的网页中，利用图层可以帮助我们更好地规划页面中的图片与元素信息。通过前面小节的学习，我们了解了 InDesign 中图层的创建与管理操作，下面将运用前面所学知识对案例中的网页元素进行一定的调整，制作不同的布局效果，如下图所示。

操作要点：

1. 在"图层"面板中中选中图层中的对象；

2. 使用"选择工具"选择对象，调整图片和文字所在位置；

3. 结合"颜色"和"色板"面板对图层中的图形颜色做适当的调整，更改页面中的版面配色。

源文件：随书光盘 \ 举一反三 \ 源文件 \06\ 汽车类网页设计 .indd

6.5　课后练习——视觉艺术设计网页

本章主要学习网页的设计与制作方法，主要运用 InDesign 中的图层编辑功能，处理网页中的图片、文字、图形等元素，在本章中大家能够学习到怎样对"图层"面板中的图层进行复制与删除、调整图层中的对象、图层中对象顺序的调整等相关的软件知识。为了进一步巩固本章所学知识，下面我们为大家准备一个课后习题，制作一个视觉类网页，效果如下图所示。

操作要点：

1. 创建新图层，对创建的图层进行重新命名；

2. 在"图层"面板中选中创建的各图层，然后分别在图层中置入相应的图片；

3. 根据图层中置入的图片，在页面中的对应图层中输入文字。

素材：随书光盘 \ 课后练习 \ 素材 \06\01~05.jpg

源文件：随书光盘 \ 课后练习 \ 源文件 \06\ 视觉艺术设计网页 .indd

Chapter 07

招贴设计

招贴也称为"海报"，是指在公共场所，以张贴或散发形式发放的一种印刷品广告，它具有发布时间短、时效强、印刷精美等诸多特点。招贴设计是最能张扬个性的一种设计艺术形式，它是视觉传达与文字说明的有机结合，通过设计过程将主体创意图形和文字生动地组织在一起，彰显设计个性，突出表达内容，从而达到商业或其他设计的要求。

本章介绍招贴设计的设计与制作方法，结合典型的实例来进行表现，主要学习颜色的设置与调整。

本章学习重点：

- 图形的绘制
- 为文字填充渐变颜色
- 渐变色描边设置
- 为图形填充渐变颜色
- 为文本填充颜色
- 用色板填充单一颜色

7.1　招贴设计的分类

　　招贴，又名"海报"或宣传画，为了使招贴在内容形式上便于区分，其设计可按不同形式进行归纳。招贴按广告性质的不同，可以分为社会性招贴（非营利性）和商业招贴（营利性）。其中，社会性招贴包括政治招贴、公益招贴、文化招贴、体育招贴等；商业招贴包括商品招贴、文化娱乐招贴等，如下两幅图像分别为社会性招贴和商业招贴设计作品效果。

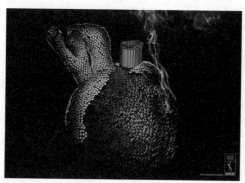 

　　除此之外，招贴按其形式分类，又可以分为具象型招贴、抽象型招贴、文字型招贴、综合型招贴，如下4幅图像分别展示了4种不同类型的招贴作品。

7.2　招贴的构成要素及主要特征

　　招贴是现代广告中使用最频繁、最广泛、最便利、最快捷和最经济的传播手段之一，不但具有传播实用的价值，还具极高的艺术欣赏性和收藏性。招贴一般必须包含主题、标语、插画、方案、广告主5个基本要素。

　　尽管许多设计师都在招贴设计这一领域施展着自己的个性和才华，但招贴设计的仍具有很多的共同特征，其中包括了画面大、远视性强、内容广、兼具性广和重复性强等。

　　1．画面大

　　招贴作为户外广告，其画面比各平面广告大，插图大、字体也大，十分引人注目。

2．远视性强

招贴设计的主要功能是为户外远距离、行动着的人们传达信息，所以招贴设计作品更为强调画面的远视效果。

3．内容广

招贴宣传的面非常广泛，它既可用于各种公共类的活动选举、运动、交通、运输、安全、环保等方面，也可用于商业类的产品推广、企业宣传、文化旅游、服务等方面，并且可以广泛地发挥其宣传作用。

4．兼具性广

设计与绘画有着本质的区别，设计是客观传达，绘画则是主观欣赏。招贴却是融设计和绘画为一体的媒体，它不但能向受众群客观传达信息，也能在一定程度上带给人美好的视觉感观效果。

5．重复性强

招贴是在指定的场合随意张贴的，它既可以张贴一张，也可以重复张贴数张，起到更强的传达作用。

7.3 招贴设计的要求

招贴设计需要观者能够从较远的距离接收信息，因此在设计时有一定的要求。不管是在版面内容的搭配，还是整体的配色上，它都需要设计者仔细考虑。

1．版面简洁，用色简单

招贴一般画面篇幅较大，因此在设计时应当版面简洁，信息突出，用色也要相对简单一些，通过客观直白的色彩吸引人们的注意，如下图所示。

2．大面积图形与文字相搭配

为了使人在一瞬间、一定距离外能够看清晰所要宣传的事物，在招贴设计中往往会使用大面积图形、较大字号，使画面更具有视觉冲击力，这样更能吸引观者视线，达到较好的宣传效果，如下左图和中图所示，该图即为图形与文字相搭配所设计出的活动招贴效果。

3．灵活的表现手法

招贴属于"瞬间艺术"，要做到在有限的画面中使人过目难忘、回味无穷，并在不经意间打动观者，就需要在设计中多使用一些夸张、对比、幽默、特写等表现手法来突出主题，并表达消费者更多的心理需求，如下右图所示。

前面简单介绍了招贴的分类以及不同类别招贴设计的构成要素与特征，在本小节中我们学习制作一个儿童文艺演出招贴，利用 InDesign 中的渐变与纯色填充功能，设计出简约、清新风格的招贴作品。

【实例效果展示】

【案例学习目标】

学习纯色与渐变颜色的填充，包括绘制图形填充颜色、渐变颜色的设置与应用、添加颜色至色板等。

素材：随书光盘 \ 素材 \07\01. indd

源文件：随书光盘 \ 源文件 \07\ 儿童文艺汇演招贴设计 .psd

【案例知识要点】

使用"矩形工具"绘制矩形、使用"渐变工具"为矩形填充渐变颜色、用"文字工具"输入文字、使用"效果"面板更改混合模式、用"多边形工具"绘制彩色多边形。

【创作要点：彩色文字】

色彩已成为人们生活中的一部分，不同的色彩能够带给人们不一同的视觉感受。在本招贴设计中，为了迎合小朋友的喜好，在设计画面中的主题文字时，用了鲜艳的红色和蓝色进行表现，通过这两种颜色之间的渐变色彩变化，让画面带给人更强有力的视觉刺激，也使版面更加活泼。

【设计制作流程】

O 在画面中绘制图形,并为图形填充上渐变颜色,确定招贴主题文字的摆放位置（见下左图）；

O 向页面中输入相关文字，将输入的文字转换为图形后，利用渐变填充功能为文字填充不同的渐变颜色（见下中图）；

O 在画面中添加线条、多边形图形等小元素，丰富版面效果（见下右图）。

7.4.1 渐变颜色的添加与设置

Step 01: 启用 InDesign CS6 程序,打开随书光盘 \ 素材 \07\01.indd 标志素材图像，选择工具箱中的"矩形工具"，沿页面边缘绘制一个矩形，如右图所示。

> **TIP: 调整文档大小**
>
> 在 InDesign 中打开文档以后，如果对打开文档的大小不满意，可以再对文档的大小进行调整。执行"文件 > 文档设置"菜单命令，打开"文档设置"对话框，在此对话框中可调整文档包含页数、大小、宽度和高度等。

Step 02：双击工具箱中的"渐变色板工具"按钮，打开"渐变"面板，单击"渐变"面板中的任意位置，如下图所示，在"渐变"面板中显示渐变色标，此时可以看到图像窗口中矩形填充上了黑、白渐变效果，如左图所示。

Step 03：选择"径向"渐变，单击"渐变"面板中的第一个色标即起始色标，如下左图所示，打开"颜色"面板，在面板中设置起始颜色为R130．G191．B173，如下中图所示，按下 Enter 键，设置完成后在图像窗口中查看到设置颜色后的填充效果。

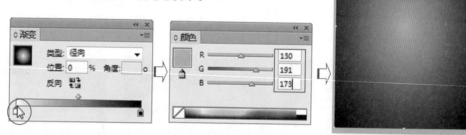

Step 04：单击"渐变"面板最右侧的结束色标，如下左图所示，打开"颜色"面板，在面板中设置结束色标颜色为R41、G66、B63，设置后按下 Enter 键，应用渐变填充图形，效果如右图所示。

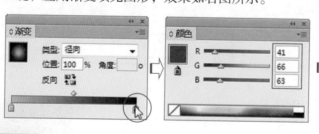

Step 05：单击渐变条上的中点图标，将其选中，如下图所示，再将选中的图标向右拖曳至 37.36% 位置，调整渐变中点所在位置，得到如左图所示的画面效果。

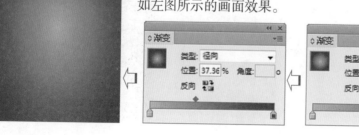

Step 06：单击工具箱中的"选择工具"按钮，选中渐变矩形，打开"效果"面板，在面板中设置混合模式为"正片叠底"，"不透明度"为50%，如下左图所示。

Step 07：双击"渐变羽化"工具，打开"效果"对话框，在对话框中调整渐变中心位置，再选择"类型"为"线性"，"角度"为–90°，如下右图所示，设置渐变羽化效果。

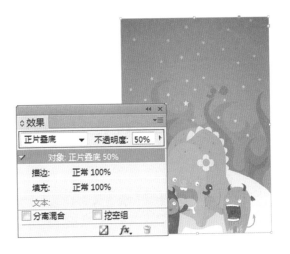

Step 08：选择"钢笔工具"，用此工具在画面上半部分绘制图形，如下左图所示，打开"渐变"面板，单击面板中的任意位置，显示渐变色标，如下中图所示，此时应用默认黑白渐变填充图形，效果如右图所示。

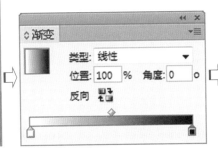

Step 09：单击"渐变"面板中的起始色标，如下左图所示，选择起始色标，在"颜色"面板中设置起始色标颜色为 R251．G253．B250，如下中图所示，设置后按下 Enter 键，应用渐变效果，如右图所示。

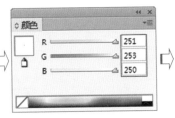

Step 10：单击"渐变"面板中的结束色标，如下右图所示，选择结束色标，在"颜色"面板中设置结束色标颜色为 R212、G233、B226，如下中图所示，设置后按下 Enter 键，应用渐变效果，如左图所示。

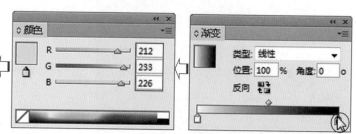

Step 11：在"渐变"面板中选择"径向"渐变，如下左图所示，再单击选择起始色标，将起始色标向右拖曳至 52.74% 位置，如下中图所示，单击渐变条上方的中点图标，向右拖曳至 84.06% 位置，如下右图所示，设置后更改渐变填充效果。

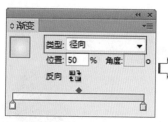 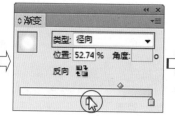 

7.4.2 对文字填充渐变色

Step 01：选用"文字工具"在画面中绘制文本框，输入文字，执行"文字 > 字符"菜单命令，打开"字符"面板，调整字体，设置"字体大小"为 65 点，"字符间距"为 –50，如下左图所示。

Step 02：用"选择工具"选中文本框和文本对象，在"控制"面板中的"旋转角度"文本框中输入角度为 –5°，如下右图所示，按下 Enter 键，旋转文字。

Step 03：结合"文字工具"和"字符"面板在图形上输入更多文字，并在"控制"面板中设置旋转角度，设置相同的旋转效果，如下左图所示。

Step 04：单击"选择工具"按钮，选择字母HOLIDAY，执行"文字 > 创建轮廓"菜单命令，把文字转换为图形，如下中图所示。

Step 05：单击"选择工具"按钮，选择字母HAPPY，执行"文字 > 创建轮廓"菜单命令，把文字转换为图形，如下右图所示。

Step 06：用"选择工具"选中字母HOLIDAY，如左图所示，打开"渐变"面板，单击面板中的任意位置，显示渐变色标，如下中图所示，为文字图形填充渐变效果，如下右图所示。

Step 07：在"渐变"面板中选择起始色标，打开"颜色"面板，在面板中设置起始色标颜色为R238、G109、B137，设置后按下 Enter 键，应用渐变效果，如下左图所示。

Step 08：在"渐变"面板中选择结束色标，在"颜色"面板中设置结束色标为R228．G29．B70,并把色标移至98.90%位置，再拖曳渐变中点，将其移至43.40%位置，如下右图所示。

Step 09:在"渐变"面板中的"角度"文本框中输入角度为 –95°，调整渐变角度，如下图所示。

Step 10：用"选择工具"选中字母 HAPPY，打开"渐变"面板，单击面板中的任意位置，显示渐变色标，设置从 R238、G109、B137 到 R228、G29、B54 的颜色渐变，再设置"角度"为 –95°，为文字图形填充渐变效果，如下右图所示。

7.4.3 渐变色描边效果的运用

Step 01：用"选择工具"选中字母 HOLIDAY，打开"描边"面板，在面板中设置"粗细"为 1.5 点，如下左图所示，为文字添加描边效果。

Step 02：打开"渐变"面板，在面板中选择起始色标，打开"颜色"面板，在面板中设置起始色标颜色为 R250、G106、B133，如下右图所示，按下 Enter 键，填充渐变。

Step 03:在"渐变"面板中选择结束色标，在"颜色"面板中设置结束色标颜色为 R250、G0、B119，如下右图所示，返回"渐变"面板，设置"位置"为 49.45%，"角度"为 –5°，按下 Enter 键，填充渐变，效果如左图所示。

Step 04：用"选择工具"选中字母 HOLIDAY，执行"对象 > 效果 > 斜面和浮雕"菜单命令，打开"效果"对话框，在对话框中设置斜面和浮雕"大小"为 1 毫米，阴影"不透明度"为 28%，如下图所示，单击"确定"按钮，为图形应用效果，如右图所示。

Step 05：用"选择工具"选中字母 HAPPY，打开"渐变"面板，单击面板中的任意位置，显示渐变色标，在"颜色"面板中设置起始色标颜色为 R250．G46．B133，结束色标颜色为 R250、G68、B119，然后在"渐变"面板中设置中点"位置"为 58.79%，"角度"为 –5°，按下 Enter 键，应用渐变效果，如下右图所示。

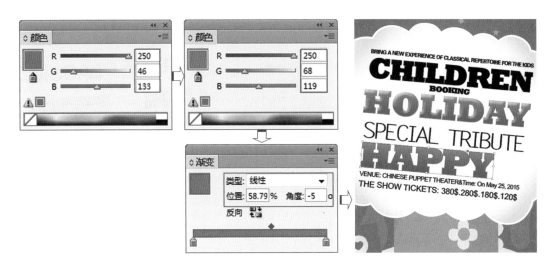

Step 06：用"选择工具"选中字母 HAPPY，执行"对象 > 效果 > 斜面和浮雕"菜单命令，打开"效果"对话框，在对话框中设置斜面和浮雕"大小"为 3 毫米，阴影"不透明度"为 28%，如下左图所示，单击"确定"按钮，为图形添加斜面和浮雕效果，如下右图所示。

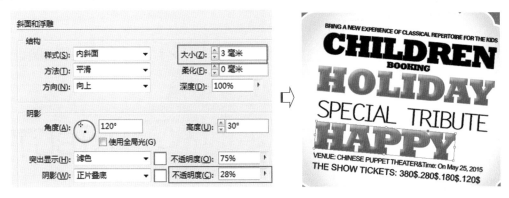

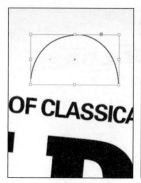

Step 07：用"钢笔工具"绘制半圆曲线，如左图所示，打开"描边"面板，在面板中设置"粗细"为6点，为图形添加描边效果，如下右图所示。

Step 08：用"选择工具"选中曲线，打开"渐变"面板，分别选择起始色标和结束色标，在"颜色"面板中设置起始色标颜色为R233、G24、B92，结束色标颜色为R235、G111、B147，然后在"渐变"面板中设置中点"位置"为58.79%，按下 Enter 键，应用渐变效果，如下左图所示。

Step 09：用"钢笔工具"再绘制一条曲线，在"控制"面板单击粗细右侧的下拉按钮，在展示的列表中选择"6点"，为绘制的曲线添加黑色描边效果，如下右图所示。

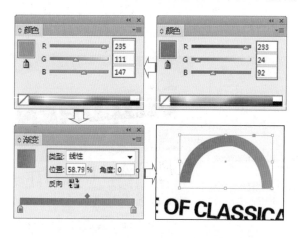

Step 10：继续使用"钢笔工具"绘制线条，并为绘制的线条添加黑色描边效果，如下左图所示。

Step 11：用"选择工具"选中文字 HOLIDAY 下方的黑色直线，单击并向右拖曳起始色标，然后在"颜色"面板中设置起始色标颜色为R255、G31、B54，如下右图所示。

Step 12：单击"渐变"面板中的结束色标，将色标向左拖曳至82.41%位置，在"颜色"面板中设置结束色标颜色为R255、G35、B98，如左图所示，按下 Enter 键，为线条添加渐变的描边效果。

Step 13：继续在"渐变"面板中设置，在渐变条的中间位置单击鼠标左键，添加一个色标，打开"颜色"面板，在面板中设置新色标颜色为R61、G255、B103，如左图所示，按下 Enter 键，应用描边效果。

TIP: 色标的添加与删除

在"渐变"面板中除了已有的起始色标和结束色标外，还可以根据具体需要在渐变条中添加或删除色标。如果需要添加色标，只需要在渐变条上单击即可；如果需要把已有色标删除，则单击选中色标后将其拖出渐变条即可。

Step 14：用"选择工具"选中字母 HAPPY 下方的渐变线条，执行"对象 > 效果 > 斜面和浮雕"菜单命令，打开"效果"对话框，在对话框中设置斜面和浮雕"大小"为 3 毫米，阴影"不透明度"为 28%，如下左图所示，单击"确定"按钮，为图形添加斜面和浮雕效果，如下右图所示。

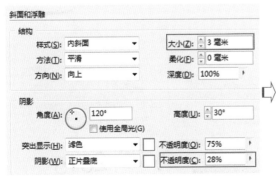

7.4.4　绘制多边形填充渐变颜色

Step 01：按住工具箱中的"矩形工具"按钮不放，在弹出的菜单中选择"多边形工具"，双击多边形工具，打开"多边形设置"对话框，在对话框中设置多边形"边数"为16，"星形内陷"为30%，单击"确定"按钮，在页面中绘制多边形效果，如下左图所示。

Step 02：用"选择工具"选择多边形，执行"对象 > 角选项"菜单命令，打开"角选项"对话框，在对话框中设置转角大小为1毫米，转角形状为圆角，如下右图所示，单击"确定"按钮，调整边角效果。

Step 03：选中多边形图形，打开"渐变"面板，在面板单击起始色标，如下左图所示，打开"颜色"面板，在面板中设置起始色标颜色为 R238、G109、B137，如下中图所示，按下 Enrer 键，效果如下右图所示。

 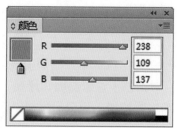 

Step 04：打开"渐变"面板，在面板单击结束色标，打开"颜色"面板，在面板中设置结束色标颜色为 R215、G29、B70，如下左图所示，在"颜色"面板设置结束色标"位置"为 98.90%，按下 Enrer 键，填充渐变，效果如下右图所示。

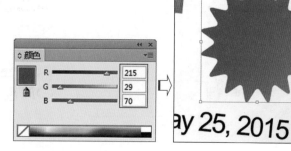

Step 05: 在"渐变"面板中设置中点"位置"为43.40%, "角度"为96.5° , 如下左图所示, 更改渐变效果, 如下中图所示, 然后用"选择工具"选中多边形图形, 在"控制"面板中设置"旋转角度"-144° , 旋转图形, 效果如下右图所示。

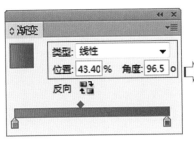  

7.4.5 添加效果并输入纯色文本

Step 01: 用"选择工具"选中多边形图形, 执行"对象 > 效果 > 斜面和浮雕"菜单命令, 打开"效果"对话框, 在对话框中设置斜面和浮雕"大小"为1毫米, 阴影"不透明度"为7%, 如下左图所示, 单击"确定"按钮, 为图形应用效果, 如下右图所示。

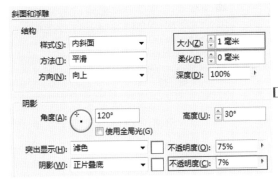 

Step 02: 选择"文字工具", 在多边形图形上方绘制一个文本框, 在绘制的文本框中输入文字, 用"选择工具"选中文本框, 在"控制"面板中设置"旋转角度"为-5° , 如下左图所示。

Step 03: 用"选择工具"选中多边形图形, 复制图形并把复制的图形移至文字右上角位置, 执行"对象 > 排列 > 后移一层"菜单命令, 将多边形后移一层, 连续执行多次菜单命令, 调整多边形图形的排列, 如下右图所示。

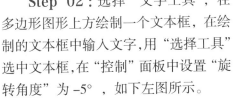

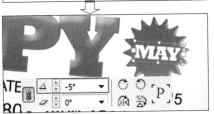

Step 04：选用"文字工具"在复制的多边形图形上输入白色的文字效果，如左图所示，用"选择工具"选中文本框及文字对象，在"控制"面板中输入"旋转角度"为10°，按下Enter键，旋转文字效果。

7.4.6 应用色板颜色填充对象

Step 01：打开"色板"面板，单击面板右上角的扩展按钮，在弹出的面板菜单中单击"新建颜色色板"命令。

> **TIP: 快速新建多个颜色**
>
> 如果需要在"色板"面板中同时建立多个颜色，可以在新建颜色时，设置完数值后，单击"添加"按钮，直接将颜色添加到"色板"面板中，然后继续设置数值，再单击"添加"按钮，进行颜色的添加。

Step 02：打开"新建颜色色板"对话框，在对话框中选择颜色模式为 RGB，颜色值为 R22、G165、B137，设置后单击"确定"按钮，新建颜色色板，如左图所示。

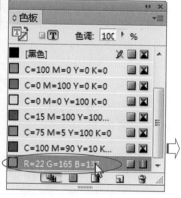

Step 03：用"文字工具"选中字母 CHILDREN，打开"色板"面板，单击面板底部创建的色板，如左图所示，用设置的颜色填充文字，效果如下图所示。

Step 04：单击工具箱中的"选择工具"按钮，在文字 BOOKING 左侧的黑色直线位置单击，用"选择工具"选中文字旁边的黑色直线，如右图所示。

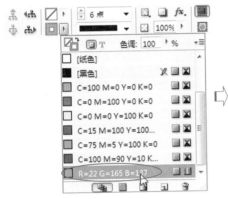

Step 05：单击"控制"面板中的"描边"右侧的下拉按钮，在展开的下拉列表中选择 R22、G165、B137 颜色，如左图所示，更改线条描边效果。

Step 06：用"选择工具"选中另一条黑色的直线，如下左图所示，打开"色板"面板，单击面板中的 R22、G165、B137 颜色，如下中图所示，单击颜色后可看到文档中被选中直线更改为蓝色效果，如下右图所示。

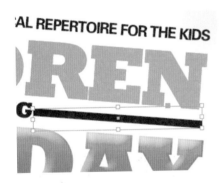

Step 07：使用"选择工具"选中画面中的黑色曲线，如下左图所示，单击"色板"面板中 R22、G165、B137 颜色，更改曲线描边颜色。

7.5 举一反三

通过前面的学习，我们知道了颜色的创建与设置方法，掌握了如何使用"渐变"面板和"色板"面板为选定对象填充和更改颜色等软件操作技术，下面将利用所学知识对案例中部分元素的颜色进行调整，设计出不同风格的文艺汇演招贴，效果如右图所示。

操作要点：

1. 用"选择工具"选取画面中的文字对象，在"渐变"面板中对起始色标颜色和结束色标颜色进行更改，变换文字颜色；

2. 选择纯色文字，在"色板"面板中新建颜色，将文字填充为玫红色；

3. 运用"吸管工具"取样颜色，设置相同的渐变颜色，填充多边形图形。

源文件：随书光盘 \ 举一反三 \ 源文件 \08\ 儿童文艺汇演招贴设计 .indd

7.6 课后练习——酒吧宣传招贴

本章通过设计招贴，掌握如何根据页面环境搭配上 InDesign 软件中相应的文字、图形绘制工具，设置适合于页面风格的颜色，其中包括渐变色标的添加、色标颜色的设置、色板颜色的添加等。为了进一步巩固本章所学知识，下面我们为大家准备一个课后习题，制作一个酒吧宣传招贴，最终效果如右图所示。

操作要点：

1. 使用"文字工具"在版面中输入文字信息，把输入的文字创建为轮廓效果；

2. 结合"渐变"面板和"颜色"面板对文字的颜色进行设置，填充渐变颜色和描边颜色；

3. 用"钢笔工具"绘制图形，使用"渐变"面板和"颜色"面板为图形填充颜色。

素材：随书光盘 \ 课后练习 \ 素材 \08\01.psd

源文件：随书光盘 \ 课后练习 \ 源文件 \08\ 酒吧宣传招贴 .indd

Chapter 08

广告设计

广告是一种经过艺术加工后对外传播信息的重要渠道，它有广义和狭义之分，而广告设计则是以加强销售为目的所做的设计，它指从创意到制作的整个过程。广告设计具有明确的目的性，其主要任务是准确表达广告信息，因此在设置时需要借助必要的文字、图形进行表现。

本章通过分析平面广告中的图形元素，讲解图形在广告中的具体应用，并结合典型的实例来进行表现，读者通过学习，能够了解广告中的图形绘制技巧，独立完成广告作品的设计。

本章学习重点：

- 基础图形的绘制
- 缩放与旋转图形
- 调整图形边角效果
- 多边形的绘制
- 剪切图形
- 描边样式的创建与应用

8.1　基本图形的组合形式

　　基本图形是平面设计的基本构成元素，也是平面广告设计作品最常用的表现手法。将不同的基本图形按照一定的规则进行组合编排，能够创建出崭新的图案，传达设计的理念，给人以美的视觉感受。基本图形是构成设计作品的基本单位，一般我们经常应用的基本图形包括圆形、三角形、平形四边形、梯形、扇形、菱形、心形等，这些图形根据一定的排列、组合方式即可得到不错的画面效果。

　　在平面广告设计中，利用基本图形创建的作品有很多。一般情况下，基本图形的组合方式包括相加、相交和相切。相加的给合形式是指形与形之间相互结合重新组成新形状，创造出与原本形态不同的新形象。在设计广告时，采用相加的组合形式能够将多种简单的基本图形进行自由的拼合配置，创建外形独特、别具韵味的版面效果；相交组合形式是指形与形之间发生重叠关系，重叠的地方发生变化并产生新的形态，这样设计出的作品会显得更有层次性，画面内容变得更丰富。相切组合形式是指形与形的连接，形与形的边缘正好相接，它将不同或不相关的元素联系在一起并创建新的形式，从而扩展视觉的空间关系，如下图中的三幅图像展示了不同图形组合效果在平面广告中的应用。

8.2　不同形态图形在广告中的运用

　　图形作为平面设计的主要构成元素，是一种具有极强表现力的视觉语言。通常对图形形态的编排，能够赋予其明显的视觉特征，使版面更具有多样的视觉评议与独特的个性。图形能够充分发挥设计者的想象力与创造力，归纳起来，图形包括简洁性、夸张性、具象性、抽象性、符号性和文字性几个类别。

1. 简洁性图形

　　简洁性的图形将版面中的图片以高度简洁的形态编排，能使作品的主题突出、主次明确，并且使页面信息的传播效果最大化。此类图形通过众多因素的提炼与组合，使其以简洁的形态，清晰、准确地传达出设计作品的主体内容，如下左图和中图所示，在这两幅广告中设计师将女性人物形象以简化的方式进行处理，突出产品针对的消费群体，使其主题更加醒目。

2．夸张性图形

夸张是一种语言修复手法，将夸张这一手法融入图形的编辑与设计中，不仅能直观地提示事物本身的内涵特质，还能使作品具有较强的视觉冲击力，如下右图所示的广告作品中即采用了夸张图形进行表现，这样的作品呈现一种新奇、独特的视觉感受。

3．具象性图形

具象性图形是人物对自然界中某个事物外形的归纳总结，是具有一定艺术吸引力的图形元素，因此它被广泛应用于平面设计中，赋予作品直观的视觉形象。如下左图所示，设计师巧妙地将与手机形象相符合的图形组合起来，让画面更有新意。

4．抽象性图形

抽象性图形通常会给人简洁、纯粹的视觉感受，在平面设计中运用抽象的图形元素，能使作品具有"言有尽，意无穷"的个性特征。所谓抽象形态的图像是以简洁的几何图形或其他没有明确意义的图形元素，在版面中进行无意识的编排构成的，能营造出一种意味深远的画面效果。如下中图和右图所示，这两幅广告作品即运用抽象性的图形，给观者以无限想象空间。

5．符号性图形

具有符号形态特征的图形元素被运用在平面设计中，不但能够客观地传达某个被公众认可的象形意义，还能给版面带来一定的联想空间，表现相应的情感。符号性的图形是一种经过高度概括、整合的视觉图形，这些图形具有简洁、易记的特点，并具有一定的象征性、提示性或形象性。如下左图和中图所示即应用符号性图形设计的广告作品，画面中的图形给观者一定的视线引导，整个版面显得很具有视觉延展性，给观者以广阔的想象空间。

6．文字性图形

在平面广告设计中，设计师为了使图像具有一定的新鲜感与趣味性，常会通过将图形文字化来达到吸引观者目光的目的。文字性图形是把版面中的文字经过一定的设计编排，使其以图形的形式呈现于版面，从而达到图文并茂的效果，如下右图所示，设计师利用不同的文字构成了一个鲨鱼，赋予广告作品极强的趣味性，引发观者的好奇心。

8.3 地产广告设计

前面介绍了图形在广告设计中的应用与表现方式，本节我们将学习制作一幅地产广告，利用 InDesign 中的基础图形工具绘制各种不同形状的图形，制作出精美的广告作品。

【实例效果展示】

【案例学习目标】

学习 InDesign 中的图形绘制，包括矩形的绘制、圆形的绘制、多边形的绘制、图形与文字组合等。

素材：随书光盘 \ 素材 \08\01~03.ai、04.psd

源文件：随书光盘 \ 源文件 \08\ 地产广告设计 .psd

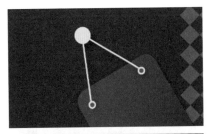

【案例知识要点】

使用"矩形工具"绘制矩形与方形、使用"椭圆工具"绘制圆形、用"直线工具"绘制水平和垂直线条、用"角选项"功能调整边角形状、用"描边"面板为图形描边。

【创作要点：几何图形】

图形能够以一定的形态特征，摆脱俗套的编排方式，展现出画面独特的魅力。在本设计中即应用了不同形态的基础图形进行版面元素的设计，通过将不同大小的矩形、方形以及多边形图形按照一定的规律进行组合，让整个作品具有一定的规律，同时也能让画面具有更强的感染力。

【设计制作流程】

○ 制作广告背景，用矩形工具在背景中绘制不同颜色的矩形，利用图形的编组填充整个版面（如下左图所示）；

○ 向画面添加图像及文字元素，根据需要在文字下添加图形，突出主题（如下中图所示）；

○ 在广告下方绘制楼盘线路图，标明该楼盘的具体位置（如下右图所示）。

 ⇨  ⇨

8.3.1 基础图形的绘制

Step 01：启用 InDesign CS6 程序，新建一个空白文档，单击工具箱中的"矩形工具"按钮▭，在文档中绘制一个比页面稍大一些的矩形，打开"颜色"面板，设置填充色为 R37、G35、B82，应用设置的颜色填充图形，如右图所示。

TIP: 不同颜色模式的色彩设置

在"颜色"面板中可以通过拖曳颜色滑块进行颜色的调整，还可以单击"颜色"面板右上角的扩展按钮，在弹出的面板期菜单中选择以 Lab、CMYK 和 RGB 三种颜色模型，并对颜色进行设置。

 ⇨

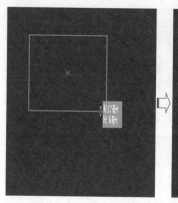

Step 02：单击"矩形工具"按钮
，按下 Shift 键不放，单击并拖曳鼠标，绘制方形图形，打开"颜色"面板，将填充色设置为 R0、G96、B131，为绘制的方形填充颜色，如左图所示。

8.3.2 图形的缩放与旋转

Step 01：单击"选择工具"按钮，选中页面中绘制的方形，如下左图所示，执行"对象 > 变换 > 旋转"菜单命令，打开"旋转"对话框，在对话框中输入旋转"角度"为 45°，如下中图所示，单击"确定"按钮，旋转图形，如下右图所示。

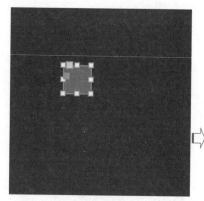

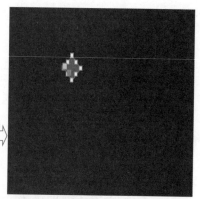

Step 02：单击"选择工具"按钮，选中旋转后的方形，执行"编辑 > 复制"菜单命令，或按下快捷键 Ctrl+C，复制选中的图形，再执行"编辑 > 粘贴"菜单命令，或按下快捷键 Ctrl+V，粘贴图形，把粘贴的图形移至原方形图形右侧，如下左图所示。

Step 03：单击"选择工具"按钮，按下 Shift 键不放，依次单击两个方形，将它们同时选中，执行"窗口 > 对象和版面 > 对齐"菜单命令，打开"对齐"面板，单击面板中的"垂直居中对齐"按钮，对齐图像，如下右图所示。

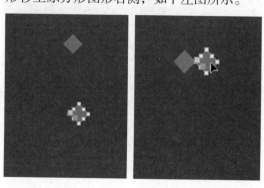
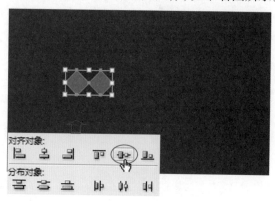

Step 04：继续使用同样的操作方法，复制更多蓝色小方块，然后用"选择工具"选中这些复制的小方形并调整其位置，再同时选中这些小方形，单击"对齐"面板中的"垂直居中对齐"按钮，对齐图形，如下左图所示。

Step 05：执行"对象 > 编组"菜单命令，或按下快捷键 Ctrl+G，将所有小方形编组，按下 Alt 键不放，单击并向下拖曳编组后的图形，进行图形的复制操作，如下右图所示。

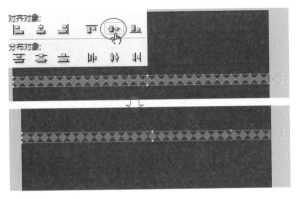

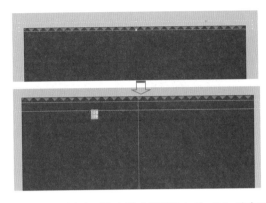

Step 06：复制图形后，将两排小方形同时选中，如下左图所示，单击控制面板中的"左对齐"按钮，如下右图所示，按左对齐方式对齐图形。

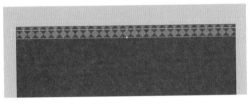

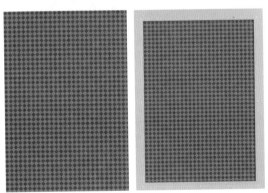

Step 07：使用同样的方法，复制更多小方形图形，然后调整图形对齐方式使复制的图形填充整个文档页面，效果如左图所示。

> **TIP: 快速复制图形**
> 在 InDesign 中要对图形进行复制，可以用"选择工具"选中图形后，按下 Alt 键单击并拖曳鼠标，复制图形。

Step 08：选中最先绘制的深蓝色矩形，复制矩形并将复制的矩形置于最顶层，单击"选择工具"按钮，将鼠标指针移到矩形右上角位置，此时光标显示为双向箭头，如右图所示。

Step 09：按下 Shift 键的同时，单击并向矩形内侧拖曳鼠标，等比例缩小复制的图形，然后再把调整后的矩形移到画面中间位置，如下左图所示。

Step 10：单击"选择工具"按钮，选中中间的深色矩形，按下快捷键 Ctrl+C，复制图形，右击文档页面，在弹出的快捷菜单中单击"原位粘贴"命令，粘贴图形，将鼠标移至图形左侧边线位置，此时光标显示为双向箭头，如下右图所示。

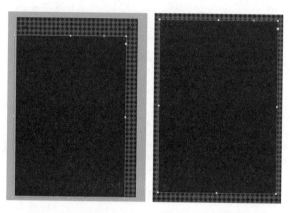
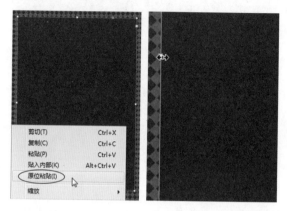

Step 11：单击并向矩形中间位置拖曳鼠标，调整矩形的大小，继续使用同样的方法，对矩形右侧边缘进行设置，进一步调整矩形，如下左图所示。

Step 12：执行"文件 > 置入"菜单命令，将随书光盘 / 素材 /Charpter08/01.ai 花纹素材置入矩形中间位置，如下右图所示，打开"效果"面板，将混合模式设置为"颜色"，"不透明度"为 65%，降低图案的不透明度。

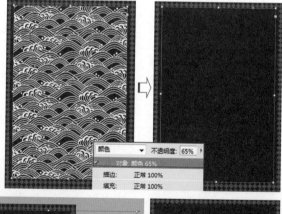

Step 13：单击"直接选择工具"按钮，单击矩形中间的花纹图案，选中图像，将鼠标移至图像右上角，当光标变为双向箭头时，单击并向内侧拖曳，等比例缩小图像，如右图所示。

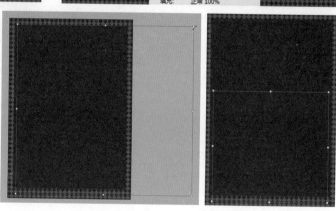

8.3.3 角选项的设置

Step 01：单击"矩形工具"按钮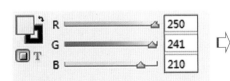，在页面中单击并拖曳鼠标，绘制一个矩形，打开"颜色"面板，设置填充色为 R250、G241、B210，为绘制的矩形填充颜色，效果如右图所示。

Step 02：选中矩形，执行"对象＞角选项"菜单命令，打开"角选项"对话框，如左图所示。

Step 03：单击"转角形状"下拉按钮，在展开的下拉列表中单击"反向圆角"选项，如下左图所示，设置后单击"确定"按钮，将矩形转换为反向圆角矩形效果，如下右图所示。

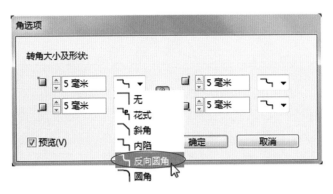

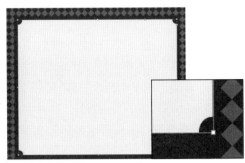

8.3.4 基本图形的变形

Step 01：按下"钢笔工具"按钮不放，在弹出的菜单中单击"添加锚点工具"，选择"添加锚点工具"，在矩形下边线的中间位置单击，添加一个路径锚点，如右图所示。

Step 02:按下"钢笔工具"按钮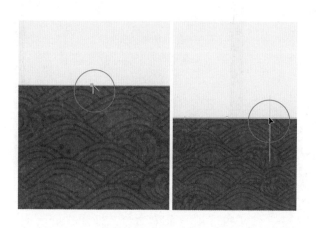不放，在弹出的菜单中单击"转换方向点工具"，将鼠标移至上一步添加的锚点位置，单击并拖曳锚点，将直线点转换为曲线点，如下左图所示。

Step 03：单击工具箱中的"直接选择工具"按钮，单击添加的路径锚点选中，显示为实心状态，此时向下拖曳该锚点，变换矩形形状，如下右图所示。

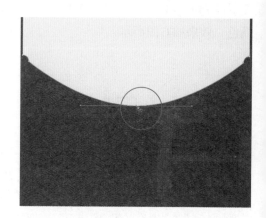

Step 04:将鼠标移至锚点旁边的控制手柄位置，单击并向下拖曳控制手柄，如下左图所示，经过反复拖曳操作，调整路径形状，效果如下右图所示。

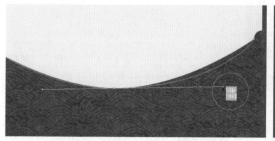

8.3.5 多边形的绘制与调整

Step 01:按下"矩形工具"按钮□不放,在弹出的菜单中单击"多边形工具",如下左图所示,双击"多边形工具"按钮◉,打开"多边形设置"对话框,在对话框中对多边形选项进行设置,输入"边数"为80,"星形内陷"为90%,如下右图所示,设置后单击对话框中的"确定"按钮。

多边形设置

选项

边数(N): 80

星形内陷(S): 90%

确定

取消

Step 02：在文档页面中单击并拖曳鼠标，绘制一个边数为 80 的多边形图形，如下左图所示。

Step 03：打开"颜色"面板，设置填充色为 R241、G222、B190，更改多边形颜色，再设置描边为"无"，去掉描边效果，如下右图所示。

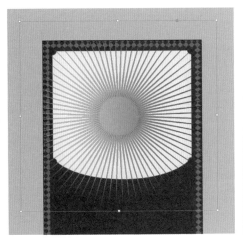

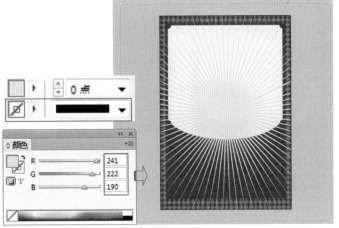

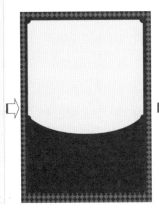

Step 04：单击"选择工具"按钮，选中绘制的多边形图形，执行"编辑 > 剪切"菜单命令，剪切图形，然后单击下方变形后的矩形，右击图形，在弹出的快捷菜单中单击"贴入内部"命令，粘贴图形，如左图所示。

Step 05：单击工具箱中的"直接选择工具"按钮，单击矩形中间的多边形图形，选中图形然后对图形的位置进行调整，将其移至矩形中间，如右图所示。

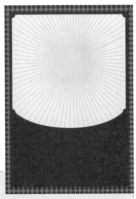

TIP: 更改多边形效果

　　使用"多边形工具"在页面中绘制好多边形后，还可以对多边形的边数和内陷程度进行更改。在更改前用"选择工具"或"直接选择工具"选中页面中的多边形，再双击"多边形工具"按钮，打开"多边形设置"对话框，在对话框中直接对参数进行更改，确认后就会对选择的多边形进行更改。

Step 06：继续运用图形绘制工具在页面中绘制更多的图形效果，然后用"选择工具"单击选中画面顶部的紫色图形。

Step 07：执行"对象 > 效果 > 投影"菜单命令，打开"效果"对话框，设置投影"不透明度"为 55%，"距离"为 1.5 毫米，"角度"为 135°，"大小"为 1 毫米，如下右图所示。

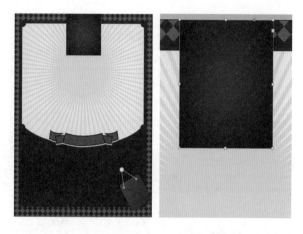

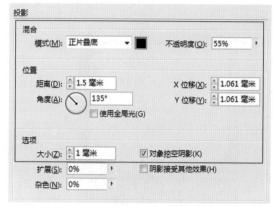

Step 08：设置后单击"效果"对话框中的"确定"按钮，为选中图形添加效果，此时在文档页面中查看到添加投影的图形，效果如下右图所示。

Step 09：单击"选择工具"按钮，选中页面右下角的圆形，执行"对象 > 效果 > 投影"菜单命令，打开"效果"对话框，在对话框中调整"投影"选项，单击"确定"按钮，为图形添加投影效果，如下右图所示。

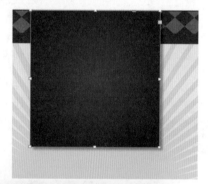

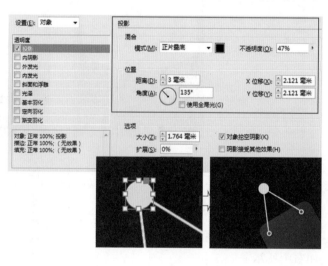

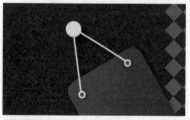

Step 10：继续使用"选择工具"选中另外的圆和线条图案，打开"效果"对话框，在对话框中为这些图形设置相同的选项，如左图所示，为图形添加投影效果。

Step 11：执行"文件>置入"菜单命令，把随书光盘/素材/Charpter08/09素材图像置入画面中，选中画面中间置入的线条图案，打开"效果"面板，在面板中将"不透明度"调整为57%，降低图像的不透明度，如右图所示。

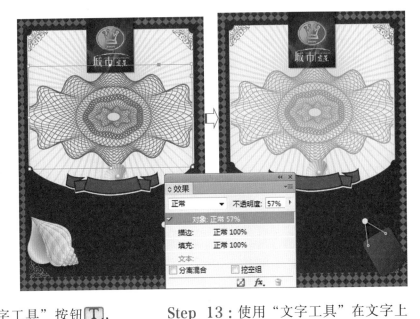

Step 12：单击"文字工具"按钮 T，在页面中绘制文本框，输入文字，打开"字符"面板，在面板中对文字字体、字号等选项进行设置，然后再将文本颜色设置为RGB，如下左图所示。

Step 13：使用"文字工具"在文字上方单击并拖曳，选中文本框中的文字，打开"颜色"面板，设置描边颜色为R250、G241、B210,然后在"描边"面板中设置描边"粗细"为3点，如下右图所示。

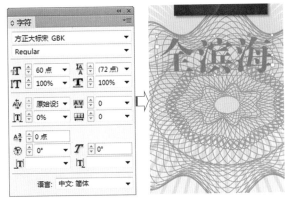

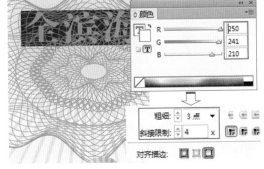

Step 14：单击工具箱中的其他工具，退出文字编辑状态，查看设置后的文字效果，使用同样的方法，在页面中添加主题文字，效果如下左图所示。

Step 15：单击"文字工具"按钮 T，在页面中绘制文本框，输入文字，打开"字符"面板，在面板中对文字字体、字号等选项进行设置，然后再将文本颜色设置为白色，如下右图所示。

Step 16：单击工具箱中的"选择工具"按钮  ，选中文字"现房发售"，在控制面板中"旋转角度"文本框中输入旋转角度为26°，如下左图所示，旋转文字效果。

Step 17：单击"矩形工具"按钮 ，在文字上方绘制一个颜色为 RGB 的矩形，用"选择工具"选中绘制的蓝色矩形，输入"旋转角度"为 26°，旋转矩形，如下右图所示。

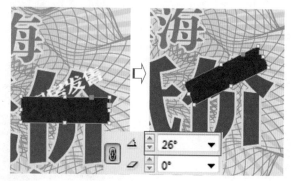

Step 18：单击"选择工具"按钮 ，选中蓝色矩形，执行"对象＞排列＞后移一层"菜单命令，把蓝色矩形移到文字"现房发售"下方，如左图所示，使用同样的方法，结合"文字工具"和"字符"面板，在页面中添加更多文字。

8.3.6　线路的绘制

Step 01：单击工具箱中的"直线工具"按钮 ，在页面下方单击，绘制一个锚点，再按下 Shift 键不放，在另一位置单击鼠标，添加锚点并用直线连接两个锚点，如下左图所示。

Step 02：打开"描边"面板，在面板中单击"粗细"下拉按钮，设置"粗细"为 2点，如下右图所示，调整直线描边线条的宽度。

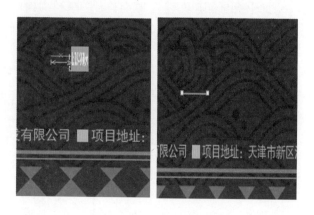

Step 03：在控制面板中单击"描边"选项右侧的倒三角形按钮，在展开的下拉列表中单击"纸色"选项，将线条描边颜色设置为白色，如下左图所示。

Step 04：选用"直线工具"再绘制一条直线，单击"吸管工具"按钮，将鼠标移至描边的直线上方，单击鼠标应用取样颜色为直线添加相同的描边效果，如下右图所示。

Step 05：使用"直线工具"在页面中绘制更多的直线路径，然后为这些线条添加相同的描边效果，如下图所示。

Step 06：单击"椭圆工具"按钮，在线条中间位置绘制白色圆形，如右图所示。

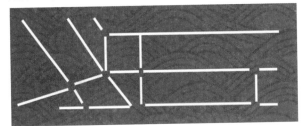

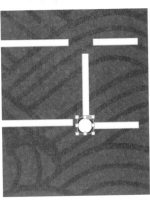

Step 07：单击"选择工具"按钮，选中白色圆形，单击工具箱中的"吸管工具"按钮，将鼠标移至白色的线条位置，如下左图所示，单击鼠标，为选中的圆形添加白色描边效果，如下右图所示。

Step 08：用"椭圆工具"在线路图旁绘制更多不同大小的白色圆形，绘制后的效果如右图所示。

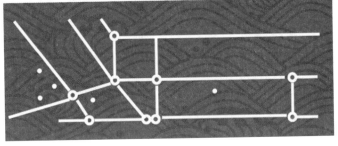

8.3.7 图形的剪切

Step 01：选用"文字工具"在线路图旁边输入路线名称，指定当前楼盘所在位置，如下左图所示，单击"选择工具"按钮，选中"本案"二字，执行"文字 > 创建轮廓"菜单命令，创建文字轮廓效果，如下右图所示。

 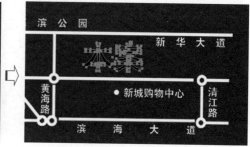

Step 02：单击"矩形工具"按钮，在文字"本案"上方绘制一个白色矩形，打开"颜色"面板，输入颜色值为 RGB，如下左图所示，为绘制的矩形填充颜色。

Step 03：单击"选择工具"按钮，选中矩形图形，执行"对象 > 角选项"菜单命令，打开"角选项"对话框，在对话框设置转角大小为 1 毫米，转角形状为"圆角"，如下右图所示，设置后单击"确定"按钮，将图形转换为圆角矩形。

 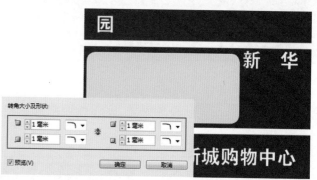

Step 04：用"选择工具"选中圆角矩形和文字"本案"，打开"对齐"面板，单击面板中的"水平居中对齐"按钮和"居中对齐"按钮，对齐矩形和矩形中间的文字，如左图所示。

Step 05:打开"路径查找器"面板,单击面板中的"减去"按钮 ,从底层圆角矩形中减去上方的文字图形,如右图所示。

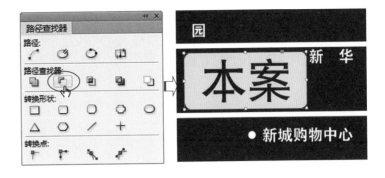

8.3.8 描边样式的设置与应用

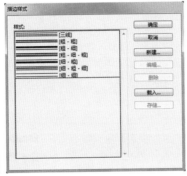

Step 01:打开"描边"面板,单击面板右上角的扩展按钮 ,展开"描边"面板菜单,单击菜单中的"描边样式"命令,如左图所示,打开"描边样式"对话框,在对话框的列表中显示系统已创建的描边样式。

Step 02:单击"描边样式"对话框中的"新建"按钮,打开"新建描边样式"对话框,如下左图所示,单击标尺右侧的三角形滑块,调整标尺位置,如下中图所示,设置"长度"为3.205毫米,"图案长度"为9毫米,如下右图所示。

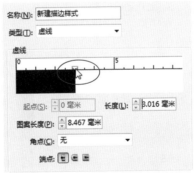

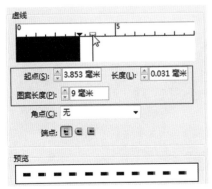
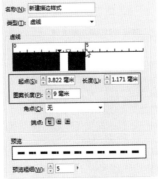

Step 03:在标尺中单击添加一个新虚线,设置虚线的"起点"为3.822毫米,"长度"为1.171毫米,"图案长度"为9毫米,如左图所示。

Step 04：继续添加新虚线，设置"起点"为5.979毫米，"长度"为1.757毫米，"图案长度"为9毫米，如下左图所示，设置后输入样式名为"线路"，如下中图所示，单击"确定"按钮，返回"描边样式"对话框，在对话框中的"样式"列表中显示新创建的描边样式，如下右图所示。

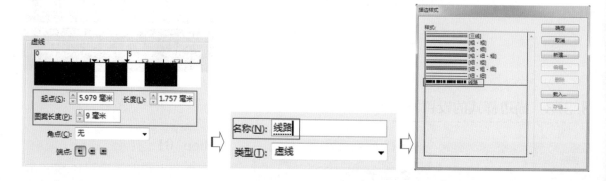

Step 05：单击工具箱中的"选择工具"按钮，选择图像中的一条直线，打开"描边"面板，在面板中的"类型"下拉列表中选择新建的"线路"描边样式，如下中图所示，在选定的直线上应用描边效果，如下右图所示。

Step 06：单击"选择工具"按钮，用"选择工具"选择另外的几条直线，在"描边"面板中选择新建的"线路"描边样式，对选中的图像应用相同的虚线描边效果，如下图所示，设置完成后的广告效果如右图所示。

8.4 举一反三

通过前面小节的学习,我们了解了如何利用InDesign进行图形的绘制操作,掌握了矩形、圆形、多边形以及直线的绘制与描边等重要知识。下面利用所学知识对案例中的地产广告做调整,更改页面中的图形,制作另外一个不同效果的地产广告,如下图所示。

操作要点:

1. 用"选择工具"选中背景上的方形,使用"角选项"调整方形图形的边角效果;

2. 双击"多边形工具",对多边形选项进行设置,更改多边形的边数,并对其颜色进行更改;

3. 创建新的描边样式,用"选择工具"选择画面中的文档和线路图,对选中的对象应用新的描边效果。

源文件:随书光盘\举一反三\源文件\08\地产广告设计.indd

8.5 课后练习——饮品广告设计

本章主要学习广告的设计与制作方法,通过本章内容大家可以学到不同造型的图形的绘制方法、图形颜色的填充与描边设置、对绘制的图形进行自由旋转与缩放等相关内容。为了进一步巩固本章所学知识,下面我们为大家准备一个课后习题,制作一个饮品广告,最终效果如下图所示。

操作要点:

1. 用"矩形工具"绘制橙色的矩形,对绘制的矩形进行复制操作,把复制的矩形移到不同的位置;

2. 将绘制的矩形编组后复制,再解组后,调整矩形的旋转角度,使画面中的图形更丰富;

3. 用"效果"面板对矩形的混合模式进行调整,使图形通过叠加组合在一起,用"椭圆工具"绘制圆形,并完成文字和主商品的添加。

素材:随书光盘\课后练习\素材\08\01.psd

源文件:随书光盘\课后练习\源文件\08\饮品广告设计.indd

Chapter 09

APP 设计

APP 设计是针对主流的移动终端设备所设计的应用程序界面。APP 设计流程需要从产品的实际需要出发，同时也客观考虑用户体验，这样才能保证设计出的 APP 既方便又实用，因此不管是小的图标、按钮，还是图像、信息、版面的安排都需要慎重考虑。

本章通过介绍 APP 设计及其原则要点等知识，结合典型的实例，学习各种不同类型的 APP 界面设计。

本章学习重点：

- 不规则图形的绘制
- 图形的编组与解组
- 用"路径查找器"查找路径
- 图形效果的添加
- 图形的转换

9.1　了解全新 APP 设计

APP 是指运行在智能手机、平板电脑等移动终端设备上的第三方应用程序。随着数码时代的到来，APP 界面设计也成为设计的又一主要门类。从专业上来讲它是指对软件人机交互、操作逻辑、界面美观的整体设计。一个 APP 想要吸引并留住客户，美观、实用、简便的用户界面设计是其重要的环节。观察下面两个 APP 界面设计，我们可以发现它们的用户界面均非常简单，用户一眼就可以知道该操作界面的主要功能，简洁、实用的操作界面更突显了画面的设计感。

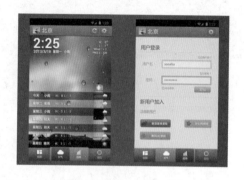 

9.2　APP 设计的原则

APP 设计与其他传统平面设计有很多区别，它不仅讲究美观性，还追求程序的实用性。一套优秀的 APP 设计流程既要从产品的实际需要出发，同时也要紧紧围绕用户体验，以保证做出的设计更富有弹性且效果更好。不同类型的 APP 有不同的设计与开发规则，但从整体角度上来讲，在 APP 在进行设计的过程中，还是有一些全局性的规范与原则。

1. 内容优先，布局合理

对于手机而言，屏幕空间资源非常有限，为了提高屏幕空间的利用率，在设计界面时应以内容为核心，而提供符合用户期望的内容是移动应用程序获得成功的关键。用户通过合理的用户界面，获得更好的使用体验，如下左图所示的 APP 界面中，画面用较多的留白处理方式，使界面更能获得用户的认可。

2. 为移动触摸而设计

所有 APP 程序都是以单击操作为信息交互的基本，它应当以信息架构为基础，简化手势交互规范，引导用户在情境中完成程序的使用，如下右图所示为不同的触摸手式效果。

 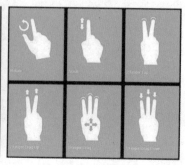

3．输入方式的自由转换

文字输入是移动端的软肋之一，不管是手机输入还是键盘输入其操作效率都很低，当我们行走或单手操作时，输入的出错率也相对较高，所以在设计 APP 时应该减少文本输入，转换输入形式，简化输入选项，变填空为选择，避免错误的文字输入，如下左图所示，界面中通过简单的单击操作就可以完成输入法间的快速转换。

4．操作流程的流畅性

在移动产品的操作过程中会遇到多种多样的情况，如找不到目标、不知道怎么操作、操作后没有及时反馈等，这些都会影响程序运行的流畅性。因此在 APP 设计中应全面考虑产品的流畅性，做到转换流畅自然，不能牵强，如下右图所示，画面中通过界面上的按钮即可实向流畅的界面切换。

5．多通道设计

多通道设计是指系统的输入与输出都可以由视觉、听觉、触觉等来协作完成，协同的多通道界面和交互也会让用户获得更真实的体验。在设计 APP 程序时，可以从其通道的角度思考设计，带给用户更好的交互方式。

6．程序的易学性

对于移动产品，我们更为提倡简单、直接的操作，从而清晰地表达产品目标和价格。每一个 APP 程序在设计之初都需要考虑其程序的易学性，让用户不需要查看帮助文档就知道如何使用程序，只有这样的设计，才能让使用者没有任何负担。一个优秀的 APP 界面，它不仅架构简单、明了，操作简单可见，同时通过界面元素的表意和界面提供的选项就能让用户清晰地知道操作方式。

7．避免干扰和打断

在使用手机时难免会因为各种原因，被各种其他的事情打断，所以在设计时需要注意保存用户的操作。当用户操作被打断后也不需要用户重新开始任务，运行程序，减少重复的劳动。

8．移动设计的友爱性

评价一个 APP 的好坏，除了看其是否满足用户需求和是否基于友好的可用性外，同时也要让用户感受到惊喜。好的 APP 程序往往会超越用户的期望，它能给用户带来惊喜，同时也会更智能、高效、贴心，使用户能能够获得更好的视觉美感，同时也能更高效、有趣地完成任务。

9.3　美食 APP 设计

在前面的小节中向大家简单介绍了什么是 APP 设计以及 APP 设计的要点与原则，本节我们将学习制作一个美食类 APP。

【实例效果展示】

【案例学习目标】

学习不规则图形的绘制与编辑，包括绘制图形、填充颜色、图形的编组与解组等。

素材：随书光盘 \ 素材 \09\01.jpg、02.psd、03.jpg

源文件：随书光盘 \ 源文件 \09\ 美食 APP 设计 .psd

【案例知识要点】

使用"钢笔工具"绘制图形、使用"路径查找器"查找路径效果、在"路径查找器"面板中转换图形、用"效果"功能调整图形效果。

【创作要点：具象图形】

具象图形是对自然、生活中的具体物象进行一种摹仿性的表达，它以反映事物的内涵和自身的艺术性来吸引和感染观者，在本设计中，为了让观者能够明了此 APP 设计的主题，在界面中绘制了美食相关的餐具、食品等具象图形，观者在看到这样的图形时自然而然地就能将它们与食物联系起来。

【设计制作流程】

○ 根据要制作的 APP 界面效果，对背景进行处理，把准备好的手机素材图像添加到文档中；

○ 运用 InDesign 在手机屏幕上绘制出总体的布局，绘制出不同颜色的矩形和方形图案，确定图标的摆放位置；

○ 在绘制好的基本图形上进行不规则图形的绘制，根据美食这一主题，在画面中绘制出与食品相关的矢量图形，并对图形添加相关的文字信息加以说明。

9.3.1　APP 背景图的调整

Step 01： 在 InDesign 软件中新建文件，选择工具箱中的"矩形工具"绘制一个矩形，在"颜色"面板中对填充色进行设置，输入 R239.G239.B239，将绘制的矩形填充为灰色。

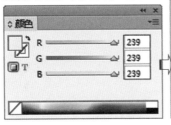

Step 02： 执行"文件 > 置入"菜单命令，把随书光盘 \ 素材 \Chapter09\01.jpg 美食素材图像置入文档页面，打开"效果"面板，在面板中把"不透明度"设置为 24%，降低置入图像的不透明度，效果如下图所示。

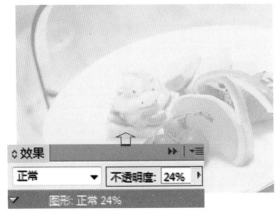

Step 03： 执行"文件 > 置入"菜单命令，把随书光盘 \ 素材 \Chapter09\02.psd 手机素材图像置入文档页面，执行"编辑 > 拷贝"菜单命令，再执行"编辑 > 粘贴"菜单命令，复制一个手机图像，并把复制的图像移到另一侧，呈现并排的手机效果，如下图所示。

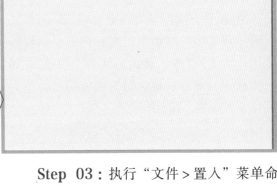

9.3.2 图形的绘制

Step 01：选择"矩形工具"，沿页面中的手机屏幕单击并拖曳鼠标，绘制一个矩形，打开"颜色"面板，将填充色设置为 R241、G241、B241，描边颜色设置为黑色，灰度为 76%，如下图所示。

Step 02：用"选择工具"单击矩形将其选中，打开"描边"面板，在面板中单击"粗细"下拉按钮，对图形的描边粗细进行调整，选择"1点"选项，加粗矩形的描边轮廓线，效果如下图所示。

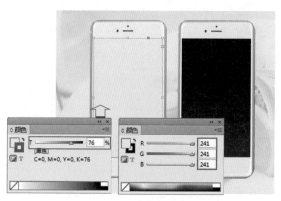

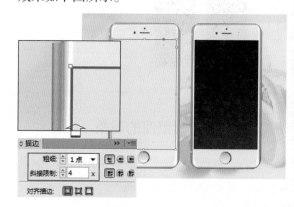

Step 03：执行"对象 > 角选项"菜单命令，打开"角选项"对话框，在对话框中设置转角大小为 1.5 毫米，转角形状为"圆角"，如下图所示，设置后将绘制的灰色矩形转换为圆角矩形效果，如右图所示。

Step 04：复制处理好的圆角矩形，并适当调整图形的大小，打开"颜色"面板，把矩形的填充色更改为白色，如下图所示。

Step 05：打开"描边"面板，这里不需要为图像添加描边效果，所以要将其去掉，在"粗细"下拉列表中选择"0点"，去除描边效果，如下图所示。

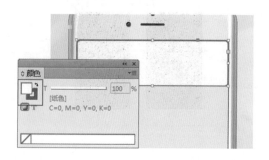

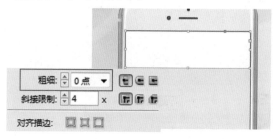

Step 06：单击工具箱中的"钢笔工具"按钮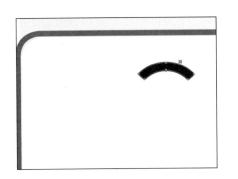，在手机屏幕左上角位置绘制不规则的图形效果，如下图所示。

Step 07：单击"选择工具"按钮，在绘制的图形上单击，选中图形，打开"描边"面板，在面板中把"粗细"设置为"0点"，去除描边效果，如下图所示。

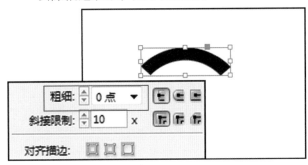

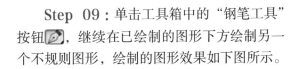

Step 08：执行"窗口 > 颜色"菜单命令，打开"颜色"面板，在面板中设置颜色值为 R66．G74．B84，更改绘制图形的颜色，如下图所示。

Step 09：单击工具箱中的"钢笔工具"按钮，继续在已绘制的图形下方绘制另一个不规则图形，绘制的图形效果如下图所示。

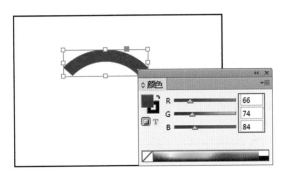

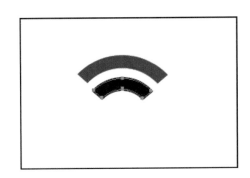

Step 10：单击"吸管工具"按钮，如下左图所示，将鼠标移到前面已绘制的灰色图形上方，此时鼠标指针会显示为吸管形状，如下中图所示，单击鼠标后，吸取颜色并将绘制的图形填充为相同的灰色效果，如下右图所示。

Step 11：结合"钢笔工具"和"吸管工具"继续进行图形的绘制，绘制完成后组合为信号图标效果，如右图所示。

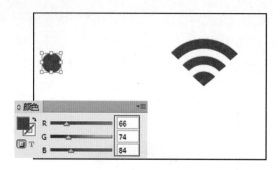

Step 12：按住"矩形工具"按钮 ▣ 不放，在弹出的隐藏菜单中单击"椭圆工具"，选择工具后按住 Shift 键不放，单击并拖曳鼠标，绘制正圆图形，打开"颜色"面板，在面板中设置填充色为 R66、G74、B84，将圆形的填充色设置为灰色。

Step 13：复制圆形，再单击"选择工具"按钮 ▶，按住 Shift 键不放依次单击复制的圆形，将这些复制的圆形同时选中，如下左图所示，执行"窗口 > 对象和版面 > 对齐"菜单命令，打开"对齐"面板，单击面板中的"垂直居中对齐"按钮 ▣▶，如下中图所示，垂直居中对齐选中的图形，如下右图所示。

Step 14：单击"矩形工具"按钮 ▣，在画面中单击并拖曳鼠标绘制矩形，打开"颜色"面板，设置颜色值为 R66、G74、B94，如下图所示，将矩形填充为灰色。

Step 15：复制灰色矩形，用"选择工具"单击复制的矩形，调整矩形的大小，得到更小一些的矩形效果，如下图所示。

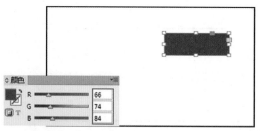 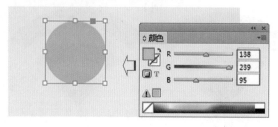

Step 16：单击工具箱中的"椭圆工具"按钮 ⬭，按下 Shift 键单击并拖曳鼠标，在文档中绘制一个正圆图形，然后在"颜色"面板中设置颜色值为 R138、G239、B95，如下图所示，将圆形填充为果绿色。

Step 17：单击工具箱中的"钢笔工具"按钮 ✒，在画面中绘制不规则图形，绘制后图形应用默认的黑色填充，效果如下图所示。

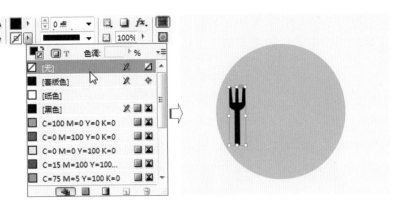

Step 18：在控制面板上单击"描边"选项右侧的倒三角形按钮，在展开的列表中单击"无"选项，如右图所示，删除描边效果。

Step 19：在控制面板上单击"填色"选项右侧的倒三角形按钮，在展开的列表中单击"纸色"选项，如下图所示，将选中的图形填充为白色。

Step 20：单击"钢笔工具"按钮，继续在绘制的叉子旁边绘制一个圆形图案，如下图所示。

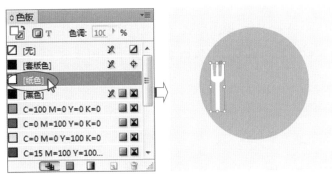

Step 21：用"选择工具"选中圆环图形，在控制面板中单击"填色"选项右侧的倒三角形按钮，在展开的列表中单击"纸色"选项，如下图所示，将选中的图形填充为白色。

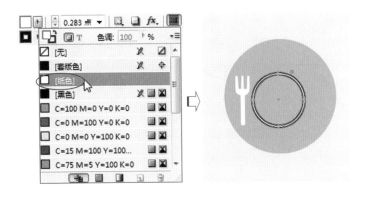

Step 22：在控制面板上单击"描边"选项右侧的倒三角形按钮，在展开的列表中单击"无"选项，如右图所示，去除图形描边效果。

Step 23：继续使用同样的操作方法，在绿色小圆中间绘制更多的图形效果，如下图所示。

Step 24：单击"选择工具"按钮，单击绿色圆形，复制圆形，打开"颜色"面板，将填充色设置为 R249、G181、B70，如下图所示，将圆填充为橙色。

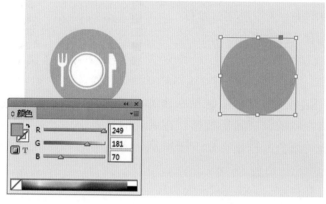

Step 25：单击"选择工具"按钮，按住 Shift 键不放，单击果绿色和橙色圆，将它们同时选中，如下左图所示，打开"对齐"面板，单击面板中的"顶对齐"按钮，如下中图所示，对齐选中的圆形图形，如下右图所示。

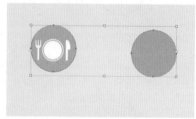

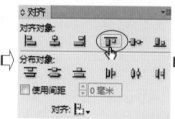

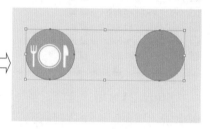

Step 26：使用同样的操作方法，复制圆，并根据需要适当调整各圆的颜色，得到如左图所示的画面效果。

Step 27：单击"钢笔工具"按钮，在画面中连续单击，绘制筷子图形，如左图所示。

Step 28：用"选择工具"选中绘制的图形，在控制面板中把图形填充色设置为"纸色"，描边为"无"，如右图所示。

Step 29：运用 InDesign 中的图形绘制工具在画面中绘制出更多不同的图形效果，然后结合控制面板和"颜色"面板，调整图形颜色，设置后的画面效果如右图所示。

> **TIP: 开放路径与闭合路径**
> 　　使用"钢笔工具"既可以绘制闭合路径，同时也可以绘制开放路径。如果在绘制时，要保持路径开放，则可以按下 Ctrl 键并单击远离所画对象的任何位置；若要把开放路径转换为闭合路径，则用"直接选择工具"选择路径起点和终点位置的锚点，单击"路径查找器"中的"连接路径"按钮。

9.3.3　图形的编组

Step 01：单击工具箱中的"选择工具"按钮，按下 Shift 键不放，在绘制信息图形上单击，选中多个图形，如下左图所示，执行"对象＞编组"菜单命令，如下中图所示，将选中的图形创建为一个群组，效果如下右图所示。

 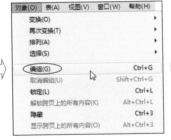 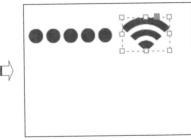

Step 02：单击"选择工具"按钮，按住 Shift 键不放，在绘制的灰色圆形上单击，选中多个圆形，按下快捷键 Ctrl+G，将选择的对象进行编组，如左图所示。

Step 03：单击工具箱中的"选择工具"按钮，按住 Shift 键不放，单击绿色圆形中间的图形，将它们同时选中，执行"对象＞编组"菜单命令，将选中图形编组，如右图所示。

Step 04：继续使用"选择工具"单击编组图形后方的绿色圆形，将图形同时选中，执行"窗口 > 对象和版面 > 对齐"菜单命令，打开"对齐"面板，单击面板中的"水平居中对齐"按钮 ，如下图所示。

Step 05：在"对齐"面板中再单击"垂直居中对齐"按钮 ，将选中的图像按垂直居中方式对齐，对齐图形后我们可以看到绘制的餐具图形被放置到绿色小圆的中间位置，如下图所示。

Step 06：单击"选择工具"按钮 ，按下 Shift 键不放，单击橙色矩形中间的餐具图形，将它们同时选中，如下图所示。

Step 07：执行"对象 > 编组"命令，或者按下快捷键 Ctrl+G，将图形编组，编组后的效果如下图所示。

Step 08：用"选择工具"再单击橙色矩形，将其同时选中，单击"对齐"面板中的"水平居中对齐"按钮，再单击"垂直居中对齐"按钮，对齐图形，如下图所示。

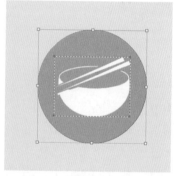  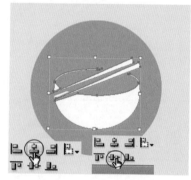

Step 09：继续使用同样的方法，在画面中绘制更多的图形，然后根据需要调整图形的对齐方式，得到更规整的版面效果。

TIP: 查找路径

在"路径查找器"面板中的"路径查找器"选项下提供了 5 个路径查找按钮，分别为相加、减去、交叉、排除重叠区域和减去后方对象。单击"相加"按钮 ，可以将选中的图像组合为一个形状；单击"减去"按钮 ，可从最底层的对象中减去最顶层的对象；单击"交叉"按钮 ，将交叉形状区域；单击"排除重叠区域"按钮 ，将排除选中图像的重叠区域，保留未重叠的部分；单击"减去后方对象"按钮 ，可从最顶层的对象中减去最底层的对象。

9.3.4 用"路径查找器"查找路径

Step 01：单击"选择工具"按钮 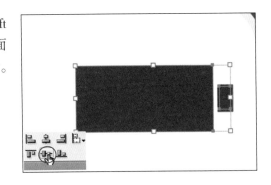，按下 Shift 键单击手机屏幕右上角的电池图形，单击"对齐"面板中的"垂直居中对齐"按钮，对齐图形，如右图所示。

Step 02：对齐图形后将对齐的图形同时选中，如下左图所示，执行"窗口 > 对象和版面 > 路径查找器"菜单命令，打开"路径查找器"面板，单击面板中的"相加"按钮，如下中图所示，将选中图形组合为一个图形，如下右图所示。

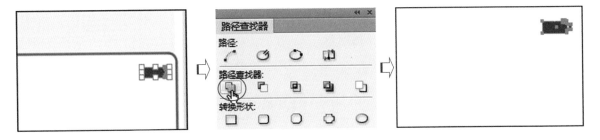

Step 03：单击"选择工具"按钮 ，单击编组的箭头图案，如下左图所示，执行"对象 > 取消编组"菜单命令，如下中图所示，取消编组效果，如下右图所示。

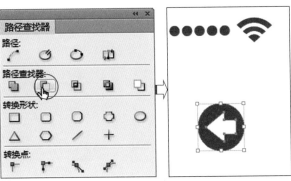

Step 04：同时选中灰色圆形和白色箭头图形，打开"路径查找器"面板，单击面板中的"减去"按钮 ，从最底层的圆形中减去顶层的箭头图形，如左图所示。

Step 05：单击工具箱中的"直接选择工具"按钮 ，单击图形，查看用"路径查找器"组合的图形效果，如下图所示。

Step 06：单击"选择工具"按钮 ，单击绿色圆中间的餐具图形，将编组图形选中，执行"对象>取消编组"菜单命令，如下左图所示，取消编组效果，如下右图所示。

Step 07：单击"选择工具"按钮 ，按下 Shift 键不放，单击餐具后方的绿色圆形，将绿色圆形和餐具图形同时选中，如下图所示。

Step 08：执行"窗口>对象和版面>路径查找器"菜单命令，打开"路径查找器"面板，在面板中单击"减去"按钮 ，从最底层的圆形中减去顶层的餐具图形，如下图所示。

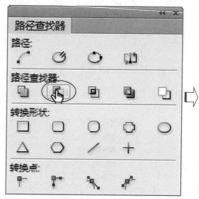

Step 09：单击工具箱中的"直接选择工具"按钮 ，单击图形，查看用"路径查找器"组合的图形效果，如下图所示。

Step 10：继续使用同样的方法，对页面中的其他图形也进行相应的编辑，得到更多的 APP 图标效果，如右图所示。

Step 11：单击"文字工具"按钮 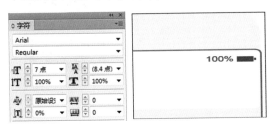，在手机图像右上角绘制文本框，输入文字，结合"字符"面板，调整输入的文字属性，使画面中的文字风格与手机屏幕更统一，如下图所示。

Step 12：结合"文字工具"和"字符"面板，在页面中的APP图标旁边添加对应的文字，如右图所示。

9.3.5 更改图形效果

Step 01：单击"钢笔工具"按钮 ，在手机屏幕上方绘制图形，单击控制面板中的"颜色"下拉按钮，在展开的列表中单击"纸色"选项，将图形填充为白色，再单击"描边"下拉按钮，在展开的列表中单击"无"选项，去除描边线条，如右图所示。

Step 02：单击"选择工具"按钮 ，单击绘制的白色图形，执行"对象>效果>渐变羽化"菜单命令，打开"效果"对话框，在对话框设置羽化类型为"线性"，"角度"为 –84.6°，如下图所示，设置后单击"确定"按钮。

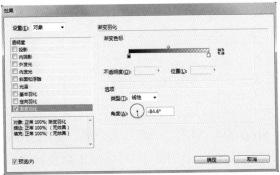

Step 03：返回文档中，此时可以看到为图像设置"渐变羽化"效果后，图像形成自然的渐隐效果，如下图所示。

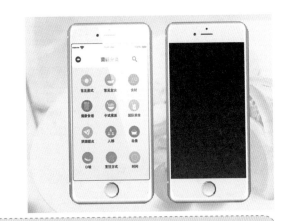

TIP: 预览效果

　　在"效果"对话框中，如果对其中的一个或多个效果进行设置后，要查看设置后的对象效果，需要勾选对话框左下角的"预览"按钮，否则将不会在文档中显示其效果。

Step 04:用"选择工具"再次选中图形，执行"窗口 > 效果"菜单命令，打开"效果"面板，设置混合模式为"滤色"，"不透明度"为43%，降低白色图形的不透明度，效果如右图所示。

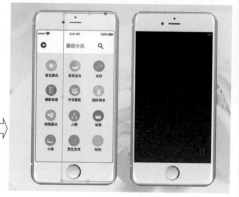

9.3.6 图形的切换

Step 01 : 根据前面所学的知识，在另一个手机屏幕上也添加上图形和文字效果，如左图所示。

Step 02 : 执行"对象 > 角选项"菜单命令，打开"角选项"对话框，在对话框中设置转角类型为"直角"，转角大小为5毫米，如下图所示，设置后单击"确定"按钮。

Step 03 : 单击"选择工具"按钮，在画面中间的淡红色矩形上单击，选中图形，如下左图所示，打开"路径查找器"面板，单击面板中的"转换为圆角矩形"按钮，如下中图所示，把选中的矩形转换为转角为5毫米的圆角矩形效果，如下右图所示。

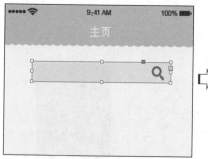
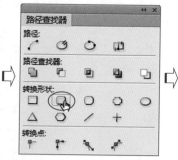

Step 04 : 执行"对象 > 角选项"菜单命令，打开"角选项"对话框，在对话框中设置转角类型为"圆角"，转角大小为2毫米，如左图所示，设置后单击"确定"按钮。

Step 05：单击"选择工具"按钮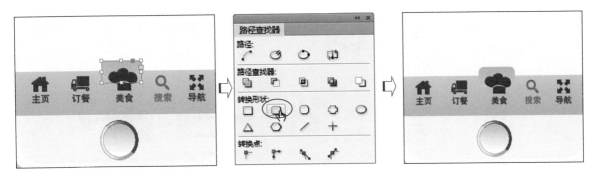，在手机屏幕底部的绿色矩形上单击，选中图形，如下左图所示，打开"路径查找器"面板，单击面板中的"圆角矩形"按钮，如下中图所示，把选中的矩形转换为转角为 2 毫米的圆角矩形效果，如下右图所示。

Step 06：单击"选择工具"按钮，在画面中间的淡红色圆角矩形上单击，选中图形，如下左图所示，打开"效果"面板，在面板中把"不透明度"设置为 59%，如下中图所示，降低选中图形的不透明度，效果如下右图所示。

Step 07：选用"矩形工具"沿手机屏幕绘制一个同等大小的矩形，然后将绘制的矩形放至于绘制图形下方，再执行"文件 > 置入"菜单命令，把随书光盘 \ 素材 \Chapter09\03.jpg 美食素材置入矩形内部，如右图所示。

Step 08：单击"选择工具"按钮，单击左侧手机图像上的白色图形，选中并复制图形，然后将复制的图形移至右侧的手机图像上方，完成 APP 界面设置，如右图所示。

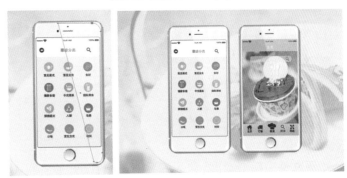

9.4　举一反三

通过前面的学习，我们了解了 APP 界面的设计流程与制作方法，掌握了不规则图形的绘制、多个图形的选择与编组、图形的查找方法等重要知识，下面利用所学知识对上一节中制作的 APP 界面进行更改，制作一个不一样的美食 APP，效果如下图所示。

操作要点：

1. 用"移工具工具"选择手机屏幕中的图形，使用"颜色"面板对图形颜色进行更改；

2. 用"钢笔工具"在画面中重新绘制与美食相关的小图标，查找路径完成新图形的绘制；

3. 把绘制的图形进行编组，放置到手机屏幕上方，在页面添加文字加以说明。

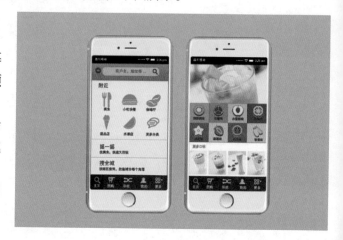

素材：随书光盘 \ 课后练习 \ 素材 \09\01~05.jpg

源文件：随书光盘 \ 举一反三 \ 源文件 \09\ 美食 APP 设计 .indd

9.5　课后练习——播放器 APP 设计

本章主要学习 APP 界面的设计与制作方法，通过本章内容大家可以学到使用"钢笔工具"绘制不规则图形、图形的对齐、路径的查找、形状的转换等。接下来我们为了巩固本章所学知识，为大家准备一个课后习题，读者根据前面所学知识，自己制作一个音乐播放器 APP，效果如下图所示。

操作要点：

1. 在手机界面中绘制矩形与圆形效果，对手机界面进行有序的划分；

2. 运用"钢笔工具"组中的图形绘制与编辑工具绘制播放器按钮，根据需要适当调整图形效果；

3. 把准确的人物素材图像置入指定的图形内部，完成 APP 界面设计。

素材：随书光盘 \ 课后练习 \ 素材 \09\01. 02.jpg

源文件：随书光盘 \ 课后练习 \ 源文件 \09\ 播放器 APP 设计 .indd

Chapter 10

信息视图化设计

在一个版面中如果包含大量的文字信息，难免会让读者在阅读时产生视觉疲劳感，因此在版面中适当添加一些图表，不但可以方便读者浏览和对比数据，还能激发读者阅读兴趣。在设计图表时应注意，图表的结构应当简单明了，表格的文字内容也应当短小简洁，这样才能帮助读者从表格中获得更多的有用信息。

本章讲解平面设计中的图表设计，通过学习让读者了解表格的组成结构和设计原则，通过典型实例练习掌握表格的创建与调整技法。

本章学习重点：

- 表格的创建
- 调整表格的行高与列宽
- 单元格的合并
- 单元格颜色的填充
- 指定表格的行线与列线
- 表格辅助元素的添加

10.1　表格的组成部分

对于表格设计，我们首先需要了解表格设计的组成部分。一般普通表格由表题、表头、表身与表注 4 个部分组成。若是在书刊或文章中插入不止一个表格，有时也会在表格上方标注出表序号，如下图所示。

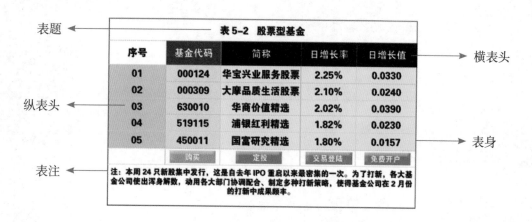

1. 表题

表题通常由表序号与表题文组成。在表题中，表序号一般根据文章或书刊内容，采用分篇或分章的编号形式，其格式通常为"篇 / 章序 – 表序"或"篇 / 章序·表"；表题文则需要准确地反映与概括表中的内容，多采用与正文同字号或是大一号的黑体字表现。

2. 表头

表头分为横表头和纵表头。横表头是表格中除纵表头外的各栏项目名的总称，其一般格式为"项目名称 / 单位"。如果横表头各栏项目的计量单位相同时，则需要把相同计量单位提出并置于表题行右端。纵表头位于表格的最左边，纵表头各行的内容一般为同一类型的并列项，排列时多采用左对齐表现。

3. 表身

表身由表格的内容与主体共同构成，它由若干行、列组成，是对纵表头和横表头的详细说明或数据分析，其内容包括项目栏、数据栏以及备注等。

4. 表注

表注是对表格中某个或某几个项目所做的补充说明或解释性文字。

10.2　表格设计的原则

表格信息通常是非常乏味的，一个好的表格能够让观者更快更准确地了解到更多的有用信息。一个好的表格设计应该是易于理解的，应该用简单明了的方式传递大量的信息，让观者的视觉重心放在信息上，而不是表格的过度设计上，过度设计会削弱表格信息的可读性。

1. 确定表格垂直、水平或是矩阵排列

开始设计表格前，首先要做就是确定表格的整体结构。对于大多数表格而言，表格结构取

决于呈现数据的类型和复杂性。选择垂直的列还是水平的行，这些可以根据设计者个人偏好而定，在设计前可以大致规划表单内容再选择表现方式进行设计。例如，如果信息包含多个变量，那么采用矩阵排列则非常适合。如下三幅图像中，分别展示了垂直、水平和矩阵的表格设计效果。

2. 适当使用图标

表格的信息设计要点是要让用户一眼就能明白表格中的主要信息，所以在设计时，可以通过减少必要的阅读，利用精心设计的图标来提高整个表格信息的浏览速度，增加用户对表格信息的理解。

 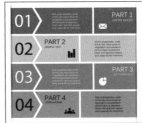

3. 增加表格信息的特征性

增加表格的特征性在表格设计中非常常见，也适合于各类表格。首先要看表格的信息是否需要让浏览者的注意力集中到某个特定区域，然后用不同的颜色或者不同的大小加以区分，用于显示属性的最佳值或者某个常用要素，如下图两个表格中即分别采用不同颜色和不同大小对表格信息进行特殊处理。

 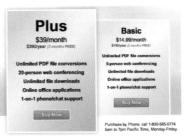

4. 增加斑马条纹

在表格中增加斑马条纹，是一个非常基本的概念，可以追溯到信息表格的存储。加入交替颜色可以帮助用户集中视线，把在边上或者底部设定好的分类信息和表格中心的浮动信息关联在一起。这个简单的技术可以增加表格的可读性。

10.3 医药表格的制作

前面介绍了表格的组成部分、表格的设计原则等内容，本节我们将制作一份医药表格，学习如何在 InDesign 中创建与调整表格信息。

【实例效果展示】

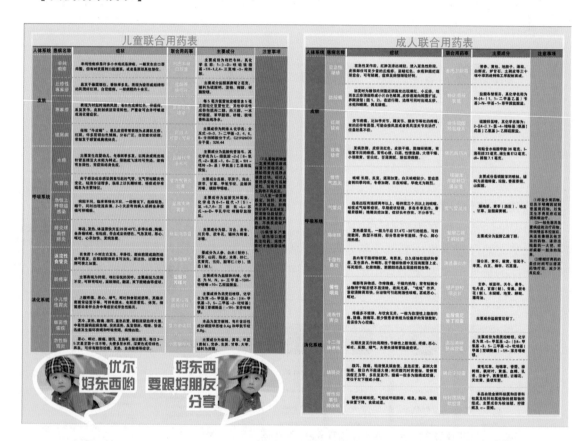

【案例学习目标】

学习使用 InDesign 编辑商业表格，包括表格插入，表格行高、列宽调整，表格描边设置等。

【案例知识要点】

素材：随书光盘 \ 素材 \08\01.indd、02.jpg
源文件：随书光盘 \ 源文件 \10\ 医药表格的制作 .psd

使用"文字工具"绘制文本框、执行"插入表"菜单命令插入表格、使用"单元格选项"调整单元格颜色、使用"表选项"调整表格边框线。

【创作要点：表格的插入】

在信息视图化设计中，表格是经常使用的元素之一，它可以让我们的版面变得更加整洁、大方。在案例中设置的医药表格即是针对儿童与成人病症、表现症状、使用药品等信息而设计的表格，使整个版面中的内容更加一目了然，同时为了让表格更加精致，用不同颜色进行填充，增加了画面的设计感。

【设计制作流程】

◎ 在 InDesign 中插入表格，根据要输入的文字信息多少调整表格的行高与列宽，并适当合并表格中的部分单元格；

◎ 在表格中对表格的填充和描边颜色进行设置，选择表格中单元格，为单元格填充不同的颜色效果；

◎ 向单元格内输入文字，复制单元格并调整其颜色，在表格下添加图像，使读者更加了解表格中的信息内容。

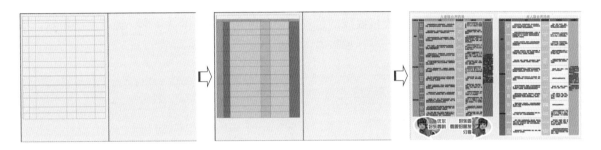

10.3.1　调整表格的行高与列宽

Step 01: 启用 InDesign CS6 程序，执行"文件 > 打开"菜单命令，打开"随书光盘 \ 素材 \10\01.innd"医药表格文件，如右图所示。

> **TIP：快速打开文件**
>
> 在 InDesign 中打开文件时，除了可以执行"文件 > 打开"菜单命令进行打开外，还可以在启动程序后将要打开的文件拖曳至任意栏中的程序缩览图上，打开操作。

Step 02: 单击工具箱中的"文字工具"按钮，使用"文字工具"在左侧的页面中绘制一个矩形文本框，用于插入表格，如右图所示。

Step 03：当文本框中出现闪烁光标后，执行"表 > 插入表"菜单命令，打开"插入表"对话框，在对话框中设置"正文行"为15，"列"为6，如右图所示，完成设置后单击"确定"按钮，插入表格。

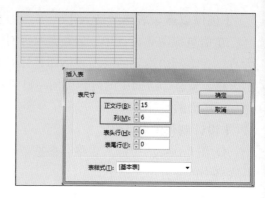

10.3.2　新建表格

Step 01：插入表格后，我们需要进一步调整表格中单元格的宽度和高度，单击"文字工具"按钮，将文字光标放置到第一行表格底线的位置，此时鼠标光标会变为↕形，如下左图所示，单击并向下拖曳鼠标，调整表格的行高，如下右图所示。

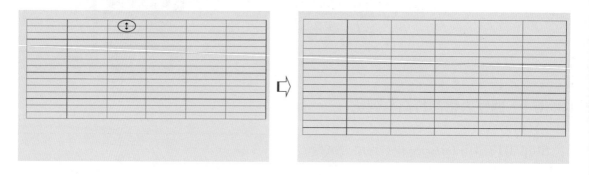

Step 02：选择"文字工具"，将文字光标放置到第三行表格底线的位置，此时鼠标光标会变为↕形，如下左图所示，单击并向下拖曳鼠标，调整这一行表格的高度，调整后的效果如下右图所示。

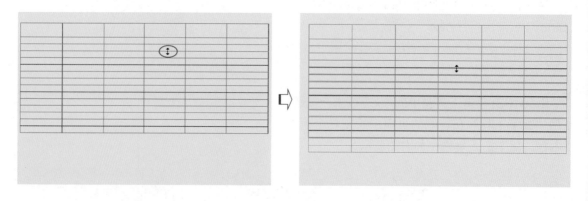

Step 03：将文字光标放置到第4行表格底线的位置，此时鼠标光标会变为↕形，如下左图所示，单击并向下拖曳鼠标，调整这一行表格的高度，调整后的效果如下右图所示，继续使用同样的方法完成其他单元格的行高调整。

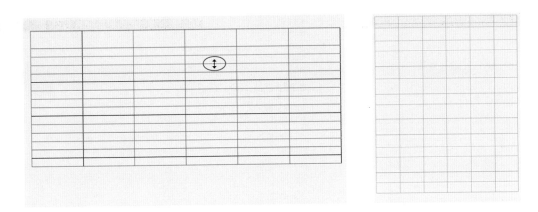

Step 04：将文字光标放置到第 1 列表格线的右边线位置，此时鼠标光标会变为 ↔ 形，如下左图所示，单击并向左拖曳鼠标，如下中图所示，当拖曳至合适的位置后，释放鼠标，调整这一列表格的宽度，调整后的效果如下右图所示。

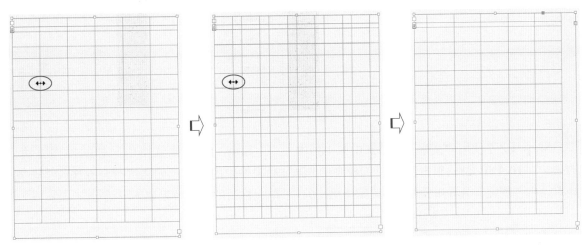

Step 05：继续使用同样的方法，将鼠标移至其他列边线位置，单击并拖曳鼠标，调整表格中各列单元格的宽度，设置后效果如右图所示。

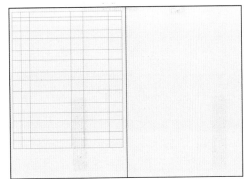

10.3.3 合并选定单元格

Step 01：使用"文字工具"选中表格第一行中的所有单元格，如下左图所示，执行"表 > 合并单元格"菜单命令，如下中图所示，将选中的多个单元格合并为一个单元格，如下右图所示。

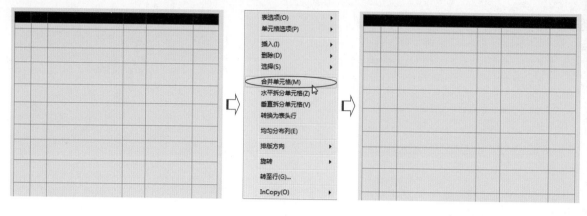

Step 02：使用"文字工具"选中第1列中的第3～6个单元格，右击选中单元格，在弹出的快捷菜单中单击"合并单元格"选项，合并单元格，如右图所示。

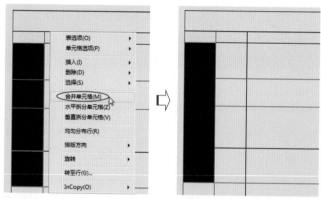

Step 03：使用"文字工具"选中第1列中的第7～10个单元格，单击"控制"面板中的"合并单元格"按钮，合并单元格，如右图所示。

Step 04：继续使用同样的操作方法，对表格中的其他单元格进行合并操作，合并单元格后的表格效果如下图所示。

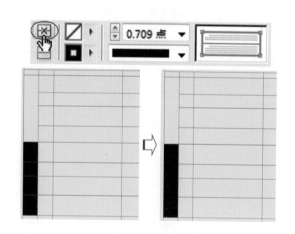

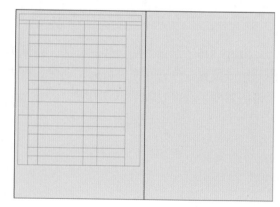

10.3.4 单元格颜色的设置

Step 01：双击工具箱中的"填色"图标，打开"拾色器"对话框，在对话框中设置填充色为R0、G181、B238，如下图所示，设置完后单击对话框右上角的"确定"按钮。

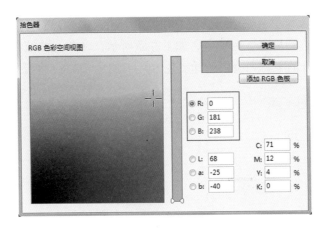

Step 02：打开"色板"面板，单击面板底部的"新建色板"按钮，如下左图所示，将设置的填充色创建为新的色板颜色，如下右图所示。

Step 03：双击工具箱中的"填色"图标，打开"拾色器"对话框，在对话框中设置填充色为 R244、G81、B148，如右图所示，设置完后单击对话框右上角的"确定"按钮。

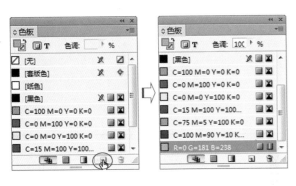

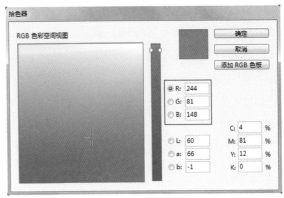

Step 04：打开"色板"面板，单击面板底部的"新建色板"按钮，如下左图所示，将设置的填充色创建为新的色板颜色，使用同样方法在"色板"面板添加更多颜色，如下右图所示。

Step 05：单击"文字工具"按钮，在表格第 2 行上单击并拖曳鼠标，选中表格第二行中的所有单元格，如下图所示。

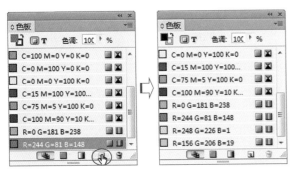

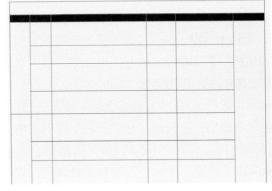

Step 06：执行"表 > 单元格选项 > 描边和填色"菜单命令，打开"单元格选项"对话框，在对话框中切换至"描边和填色"选项卡，如下左图所示，在单元格填色选项组下单击"颜色"右侧的下拉按钮，在展开的下拉列表中选择颜色 R0、G181、B238，如下右图所示。

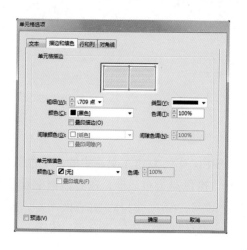

Step 07：设置完成后单击"单元格选项"对话框底部的"确定"按钮，确认设置，返回文档页面，查看设置颜色后的单元格效果，如右图所示。

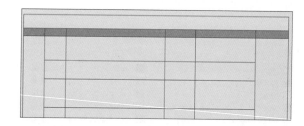

Step 08：使用"文字工具"选中表格第 1 列第 3 ~ 5 个单元格，如右图所示。

TIP：用"色板"面板指定单元格颜色

如果需要为表格中的单元格填充颜色，除了使用"单元格选项"对话框进行颜色的填充外，还可以选择单元格后，单击"色板"面板中的颜色为选中的单元格填充颜色。

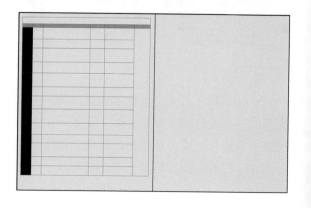

Step 09：执行"表 > 单元格选项 > 描边和填色"菜单命令，打开"单元格选项"对话框，在对话框中切换至"描边和填色"选项卡，如下左图所示，在单元格填色选项组下单击"颜色"右侧的下拉按钮，在展开的下拉列表中选择颜色 R0、G181、B238，如下图所示，设置后单击"确定"按钮，更改单元格颜色，效果如右图所示。

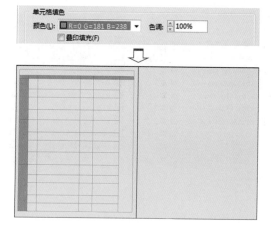

Step 10：选中第 2 列第 3 ~ 15 个单元格，如下左图所示，执行"表 > 单元格选项 > 描边和填色"菜单命令，打开"单元格选项"对话框，在对话框中切换至"描边和填色"选项卡，如下中图所示，在单元格填色选项组下单击"颜色"右侧的下拉按钮，在展开的下拉列表中选择颜色 R244、G81、B148，如下中图所示，设置完成后单击"确定"按钮，将选中的单元格更改为粉红色效果，如下右图所示。

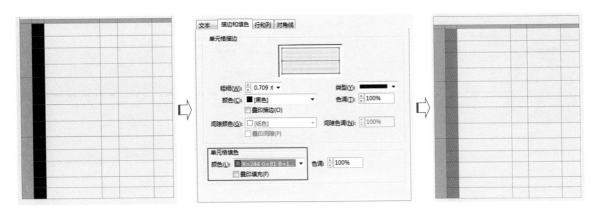

Step 11：继续使用同样的方法，运用"文字工具"选择其他单元格，并将选择的单元格填充上不同的颜色，得到色彩更丰富的表格效果，如右图所示。

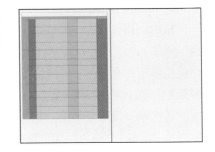

10.3.5 表格行线与列线的设置

Step 01：单击"文字工具"按钮，用"文字工具"选择整个表格，如下左图所示，执行"表 > 表选项 > 表设置"菜单命令，打开"表选项"对话框，打开后在表外框选项组中设置"粗细"为 3 点，"类型"为"粗 – 细 – 粗"，"颜色"为"纸色"，如下右图所示。

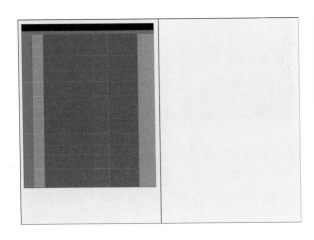

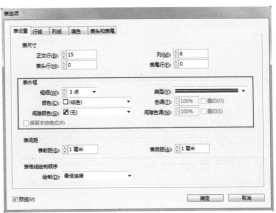

Step 02 : 单击"表选项"对话框中的"行线"标签，如下左图所示，切换至"行线"选项卡，在此选项卡中单击"交替模式"下拉按钮，在展开的下拉列表中选择"每隔一行"，激活下方的各选项，设置交替前"粗细"为 1 点，"类型"为"虚线（3 和 2）"，"颜色"为"纸色"，交替后"粗细"为 1.5 点，"类型"为"虚线（3 和 2）"，"颜色"为"R79、G190、B147"，"跳过前"为 1 行，如下右图所示。

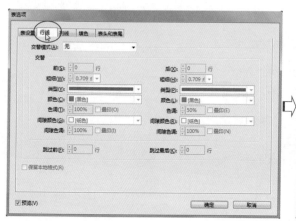 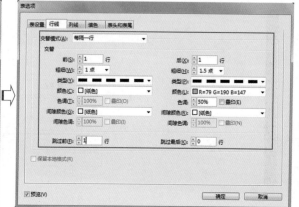

Step 03 : 单击"表选项"对话框中的"列线"标签，如右图所示，切换至"列线"选项卡，在此选项卡中单击"交替模式"下拉按钮，在展开的下拉列表中选择"每隔两列"，激活下方的各选项，设置交替前"粗细"为 3 点，"类型"为"实底"，"颜色"为"纸色"，交替后"粗细"为 3 点，"类型"为"实底"，"颜色"为"纸色"，如下右图所示。

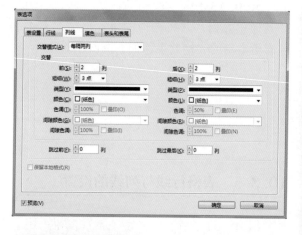

Step 04 : 设置完成后单击"确定"按钮，返回文档页面，如右图所示，单击工具箱中的"选择工具"，退出选中状态，查看设置"表选项"后的表格效果。

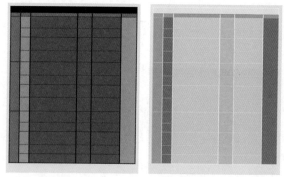

Step 05 : 用"文字工具"选择表格第 2 列第 3 到最后一个单元格，如下左图所示，执行"表 > 单元格选项 > 描边和填色"菜单命令，打开"单元格选项"对话框，设置"粗细"为 1 点，其他参数不变，如下中图所示，单击"确定"按钮，调整单元格描边粗细，效果如下右图所示。

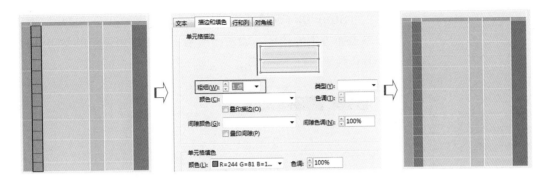

Step 06：用"文字工具"选择表格第4列第3到最后一个单元格，如下左图所示，执行"表 >
单元格选项 > 描边和填色"菜单命令，打开"单元格选项"对话框，设置"粗细"为1点，其
他参数不变，如下中图所示，单击"确定"按钮，调整单元格描边粗细，效果如下右图所示。

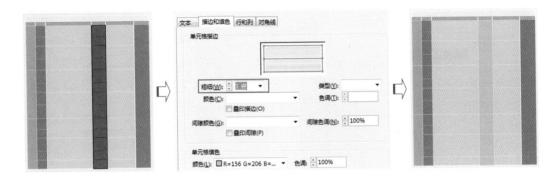

10.3.6　输入并调整表格文字

Step 01：单击"文字工具"按钮，将光标插入点定位于第1
个单元格中，然后输入文字"儿童联合用药表"，如右图所示。

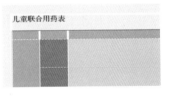

Step 02：用"文字工具"把单元格中的文字选中，如下左图所示，执行"文字 > 字符"
菜单命令，打开"字符"面板，设置字符"字体"为"方正黑体 GBK"，"字体大小"为24点，
其他设置为默认值，调整文字效果，如下图所示。

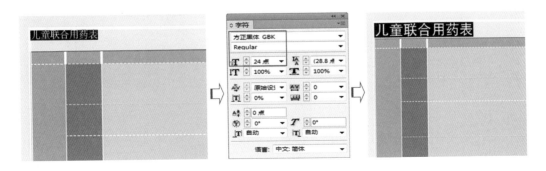

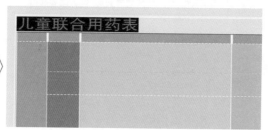

Step 03：继续选择单元格中的文字，打开"色板"面板，单击面板中的蓝色，如左图所示，将表格中黑色的文字更改为蓝色效果，如下图所示。

Step 04：将光标插入点放于第一行文字末尾，单击"控制"面板中的"居中对齐"按钮，设置居中对齐的文字效果，如下图所示。

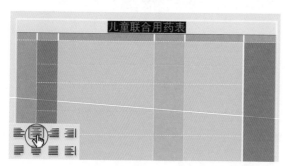

Step 05：继续使用同样的操作方法，在其他单元格中也输入文字，并对部分文字设置居中对齐效果，如右图所示。

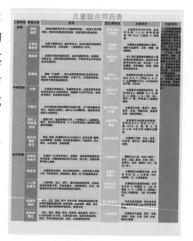

Step 06：单击"文字工具"按钮，使用"文字工具"选择整个表格，如右图所示，执行"窗口>文字和表>表"菜单命令，打开"表"面板，单击面板中的居中对齐按钮，如下图所示，居中对齐表格文本，效果如右图所示。

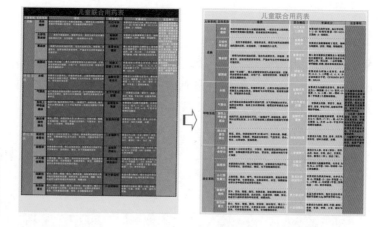

Step 07：用"文字工具"选择整个表格，如下左图所示，执行"表>单元格选项>文本"菜单命令，打开"单元格选项"对话框，在对话框中调整单元格中的文本与表格边线的间距，设置"单元格内边距"为2毫米，如下中图所示，设置后单击"确定"按钮，返回页面，查看

调整间距的效果，如下右图所示。

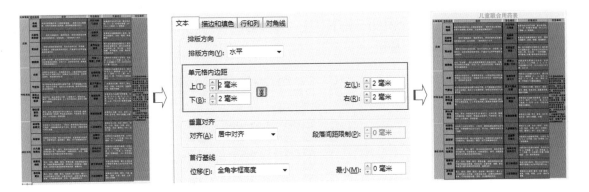

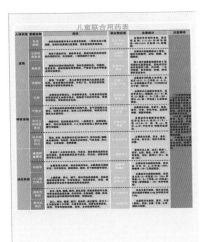

Step 08：调整单元格内边距后单击工具箱中的"选择工具"，退出选中状态，查看调整间距后的文字效果，如左图所示。

> **TIP：更改单元格中的文字排版方向**
>
> 对于单元格中的文字，我们可以对它的排版方向进行更改，在更改之前先将文本插入点放置在要更改方向的单元格中，再执行"表>单元格选项>文本"菜单命令，打开"单元格选项"对话框，在"排版方向"下拉列表中选择文字的排版方向。

10.3.7 表格的复制与更改

Step 01：单击工具箱中的"选择工具"按钮，在左侧页面中的表格上单击，将其选中，然后复制选中的表格对象，并将复制的表格移到右侧的页面中，如下图所示。

Step 02：使用"文字工具"选择右侧表格中的单元格，右击选中的单元格，在弹出的快捷菜单中单击"均匀分布行"菜单命令，如下左图所示，均匀分布表格中的单元格行距，如下右图所示。

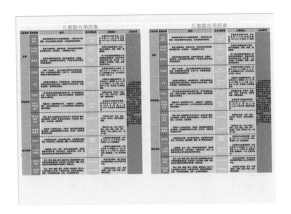

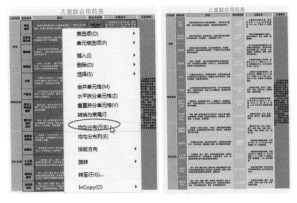

Step 03：双击工具箱中的"填色"图标，打开"拾色器"对话框，在对话框中设置填充色为 R62、G116、B180，如下图所示，设置后单击"确定"按钮。

Step 04：打开"色板"面板，在面板中单击面板底部的"创建色板"按钮，如下左图所示，将上一步设置的填充色添加至色板，如下右图所示。

Step 05：继续使用同样的方法，设置更多的色板色，如下图所示。

Step 06：使用"文字工具"选中第 2 行中的所有单元格，打开"色板"面板，单击面板中创建的色板，更改单元格颜色，如下图所示。

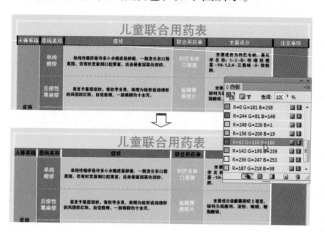

Step 07：用"文字工具"选中表格第 1 列第 2 至最后一个单元格，如下左图所示，单击"色板"面板中的颜色 R62．G116．B180，如下中图所示，更改选中单元格颜色，如下右图所示。

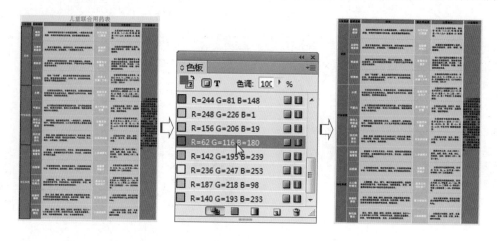

Step 08：继续使用同样的方法更改右侧表格中的其他单元格的颜色，更改后的表格效果如下图所示。

Step 09：用"文字工具"选择整个表格，如下图所示，执行"表 > 表选项 > 交替行线"菜单命令。

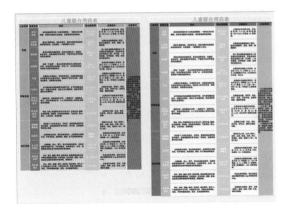

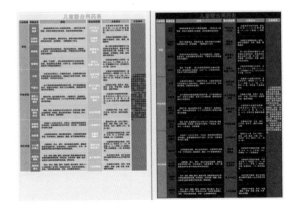

Step 10：打开"表选项"对话框，在对话框中的"行线"选项卡进行设置，选择"交替模式"为"每隔一行"，设置交替前"粗细"为1点，"类型"为"虚线（3和2）"，"颜色"为黄色，交替后"粗细"为1.5点，"类型"为"虚线（3和2）"，"颜色"为R79、G190、B147，如下图所示，单击"确定"按钮，应用效果，如右图所示。

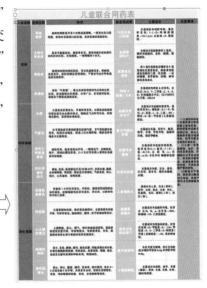

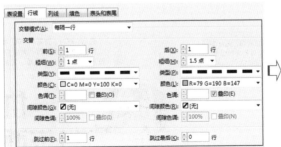

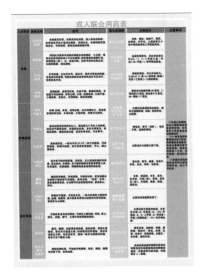

Step 11：单击"文字工具"按钮，使用"文字工具"对单元格中的文字做相应的更改，输入与左页不同的文字内容，如左图所示。

> **TIP: 文本与表格的互换**
>
> InDesign 中可以对表格和文字进行互相转换操作，为编辑表格带来方便。如果需要将表格转换为文本，则执行"表 > 将表转换为文本"菜单命令将表转换为文本，如果要将文本转换为表，则选中要转换的文本，然后执行"表 > 将文本转换为表"菜单命令，将选中文本转换为表格。

10.3.8 其他元素的添加

Step 01：选择"钢笔工具"，在左侧表格下方绘制一个标注图标，如右图所示，打开"描边"面板，在面板中设置"粗细"为10点，然后在"控制"面板中单击"填色"下拉按钮，选择"无"，取消白色填充效果，如右图所示。

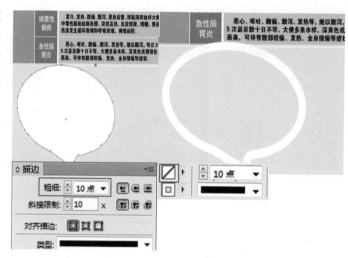

Step 02：用"选择工具"选中标注图形，执行"文件 > 置入"菜单命令，置入随书光盘\素材\10\02.jpg素材图像，单击"控制"面板中的"按比例填充框架"按钮，调整框架图像大小，如下图所示。

Step 03：使用"文字工具"在小朋友图像上绘制文本框，在文本框中输入文字，打开"字符"面板，设置字符"字体"为"方正综艺简体"，"字体大小"为30点，其他设置为默认值，调整文字效果，如下图所示。

Step 04：用"文字工具"选中文本框中的文字，打开"描边"面板，设置描边"粗细"为6点，然后在"颜色"面板中将文字颜色设置为R0、G103、B154，描边颜色为"纸色"，如左图所示，再复制小朋友图像，添加相近的文字效果。

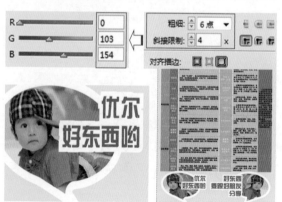

10.4　举一反三

通过前面小节的学习，我们学习并掌握了表格的创建与设置方法，其中包括为单元格填色、设置表格行线与列线、表格中的文字对齐等知识，下面利用所学知识对案例中的表格进行调整，更改表格的外观，制作出不同的医药表格效果，如下图所示。

操作要点：

1. 使用"文字工具"选中单元格，在"单元格选项"对话框中更改表格交替行线与列线效果；

2. 用"文字工具"选中整个表格，在"表选项"对话框中为表格设置交替填色效果；

3. 选择表格中的文字，更改文字颜色，调整文字排版方向。

源文件：随书光盘\举一反三\源文件\10\医药表格的制作.indd

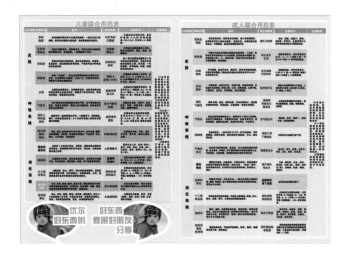

10.5　课后练习——课程表设计

表格能够丰富版式内容与形式，相对于单一文本来讲，利用表格能让传达的信息更明确。本章主要学习表格的设计与制作方法，利用详尽的操作步骤介绍表格行高、列宽、单元格边线的处理方法，为了进一步巩固本章所学知识，下面我们为大家准备一个课后习题，制作一个简单课程表，最终效果如下图所示。

操作要点：

1. 使用"文字工具"在页面中绘制文本框，在文本框中插入表格；

2. 用"文字工具"选中表格中的单元格，更改选中单元格的颜色；

3. 选择表格中的一部分单元格,合并单元格简化表格，然后对"表选项"和"单元格选项"做调整。

素材：随书光盘\课后练习\素材\10\01.psd

源文件：随书光盘\课后练习\源文件\10\课程表设计.indd

Chapter 11

图书装帧设计

图书装帧作为一门独立的设计门类，从广义上来讲，是指图书文稿成书出版的整个设计过程，也是完成从图书形式的平面化到立体化的过程。图书装帧设计包括图书的开本、装帧形式、封面、腰封、字体、版面、插图、目录、装订等各个环节的艺术设计。

本章从图书封面和目录入手，讲解图书封面设计与目录版面设计，读者可以学到许多实用的封面与目录处理方法，通过本章的学习读者能够独立完成各类图书的装帧设计。

本章学习重点：

- 图书封面的制作
- 封底的制作
- 图书条形码的处理
- 书脊的制作
- 目录的导入
- 目录样式的设置与应用

11.1 图书设计的常用术语介绍

与图书排版一样，在图书装帧设计过程中，经常会遇到各种相关的术语，如护封、书脊、勒口、ISBN号、条形码等。

1．封面

封面又称封一、前封面、封皮、书面等。封面一般印有书名、作者、译者姓名和出版社的名称。封面起着美化书刊和保护书芯的作用。

2．封里

封里又称封二，是指封面的背页。封里一般是空白的，但在期刊中常用它来印目录或有关的图片。

3．封底里

封底里又称封三，是指封底的里面一页。封底里一般为空白页，但期刊中常用它来印正文或其他正文以外的文字、图片。

4．封底

封底又称封四、底封。图书在封底的右下方统一印书号和定价，期刊在封底印版权信息，或用来印目录及其他非正文部分的文字、图片。

5．书脊

书脊又称封脊。书脊是指连接封面和封底的书脊部。书脊上一般印有书名，册次（卷、集、册），作者、译者姓名和出版社名，以便于查找。

6．书冠

书冠是指封面上方印书名文字的部分。

7．书脚

书脚是指封面下方印出版单位名称的部分。

8．目录

目录是书刊中章、节标题的记录，起到主题索引的作用，便于读者查找。目录一般放在书刊正文之前（期刊因印张所限，常将目录放在封二、封三或封四上）。

9．扉页

扉页又称为书名页。扉页基本构成元素是书名、作者、卷次及出版者等。扉页的作用是使读者心理逐渐平静而进入正文阅读状态，扉页字体的选择不宜过于繁杂而缺乏统一的秩序感。

10．版心

版心是指版面上容纳文字图表的部分，包括章、节标题、正文以及图、表、公式等。

11．版口

版口是指版心左右上下的极限，在某种意义上即指版心。严格地说，版心是以版面的面积来计算范围的，版口则以左右上下的周边来计算范围。

12．刊头

刊头又称"题头""头花"，用于表示文章或版别的性质，也是一种点缀性的装饰。刊头一般排在报刊、杂志、诗歌、散文的大标题的上边或左上角。

13. 破栏

破栏又称跨栏。报刊杂志大多是分栏排的，这种在一栏之内排不下的图或表延伸到另一栏而占多栏的排法称为破栏排。

14. 天头

天头是指每面书页的上端空白处。

15. 地脚

地脚是指每面书页的下端空白处。

11.2 图书尺寸的设置

图书的外观是给人的第一印象，尺寸又是外观的重要表征，在我国图书尺寸一般有 64 开、32 开、16 开、8 开等不同规格。一般的图书在设计大小时，会与一张大纸尺寸相关联，这张纸对折一次成为两张（四页），称为对开；当再度对折以后，成为四张（八页），称为 4 开，依此类推分别为 16 开、32 开、64 开。在完成图书的制作后，拿到手中的图书尺寸往往会与设计的尺寸有一定的差异，其主要原因是成品尺寸 = 纸张尺寸 − 修边尺寸的结果。下面的表格分别介绍了精装书与平装书的尺寸大小。

表 1

开本	成品尺寸	版心尺寸	订口对订口	翻口对翻口	地脚对地脚
16 开	260mm × 185mm	215mm × 138mm	46mm	40mm	60mm
大 16 开	297 mm × 210mm	245mm × 165mm	48mm	40mm	54mm
32 开	184 mm × 130mm	153mm × 100mm	32mm	36mm	30mm
大 32 开	204 mm × 140mm	165mm × 107mm	34mm	42mm	38mm
64 开	130 mm × 92mm	103mm × 70mm	24mm	28mm	26mm

表 2

开本	成品尺寸	版心尺寸	订口对订口	翻口对翻口	地脚对地脚
16 开	260 mm × 185mm	215mm × 138mm	50mm	40mm	60mm
大 16 开	297 mm × 210mm	245mm × 165mm	50mm	40mm	52mm
32 开	184 mm × 130mm	158mm × 100mm	36mm	36mm	40mm
大 32 开	204 mm × 140mm	159mm × 103mm	42mm	32mm	34mm
64 开	130mm × 92 mm	103mm × 70mm	27mm	27mm	26mm

11.3 图书的分类及其设计要点

由于不同类别的图书所针对的人群不同，所以在封面的设计及制作过程中，除了要反映图书自身的特色外，还要针对购买人群的特点进行设计。下面我们将介绍常见图书设计的分类及其特点。

1. 儿童读物类

此类图书的设计需要针对儿童文化水平较低的特点，采用丰富多彩的颜色及图形，来加强儿童对图书内容的感知，如下左图所示为儿童读物类图书的封面设计作品。除此之外，虽然图书针对的是儿童人群，但最终决定是否购买的仍然为孩子们的家长，因此在设计时，除了能吸引儿童外，还要能打动家长的心。在这种情况下，图书的设计不能一味追求好看、好玩，而应该将图书的品质、内容、性价比等家长感兴趣的信息明确展示出来。

2．文学类

文学类图书是一个非常大的范畴，其中主要包括小说、散文、诗歌以及随笔等。由此可见，仅文学类的图书，就拥有非常丰富的读者群，所以在设计时应当根据不同的类型而选择不同的设计与制作方案。多数文学图书的封面设计都较为简单，基本上是由图形和文字两部分组成，必要时会加入一些简单的装饰图形。如下左图所示为一本文学类图书的封面，而中图则为图书内页效果。

3．人物传记类

人物传记类图书的特点是围绕图书中心人物展开叙述，其最常见的设计手法是直接将人物的照片放在图书的封面上，从而在视觉上造成一定的冲击力，最大限度地吸引读者的目光，如下右图所示即为一本传记类图书封面设计作品。一些古人的传记图书，由于无法得到相关的照片资料，因此也会用一种相关的元素来渲染封面的古典气氛，如下右图即为传记图书效果。

4．科学类

科学类图书是供一些专业人员或具备一定专业知识的读者看的，主要包括各种专业图书、科普读物以及计算机图书等。根据学科的不同，在封面设计过程中可以采用具象或抽象、简单或华丽的表现形式。如下左图、中图为科学探索类图书的封面设计效果。

5．政治、经济与管理类

政治、经济与管理类图书的内容相对于其他类别的图书来讲，其内容显得更加规矩且抽象，因此在对此类图书的封面或目录等部分进行设计时，通常会使用较为抽象的符号或使用经过修饰的文字作为封面主体元素。如下右图即为经济类图书封面设计效果。

11.4　儿童图书装帧设计

前面介绍了图书的常用术语、不同类别图书的设计要点，本节我们将学习制作儿童书图书封面和图书目录效果。

【实例效果展示】

【案例学习目标】

学习使用 InDesign 制作图书装帧，包括图书封面、封底、书脊元素的设置、图书目录的导入、设计目录样式等。

素材：随书光盘 \ 素材 \08\01~09.ai
源文件：随书光盘 \ 源文件 \10\ 儿童图书装帧设计 – 封面、儿童图书装帧设计 – 目录 .indd

【案例知识要点】

使用"文字工具"输入图书内容、用"渐变"面板为主体文字填充颜色、用"矩形工具"绘制图书封底、用"钢笔工具"在目录中添加图案、设置"段落样式"为目录添加样式、用"字符样式"向目录文字添加着重号等。

【创作要点：具象卡通图案】

卡通通常采用夸张与变形的方式表现，其线条流畅，能给人带来轻松愉悦的视觉感。本案例需要为一本儿童图书制作封面和目录，为了吸引小朋友的注意，在图书的封面和目录中，采用了卡通船只、房屋、人物等卡通图案来与图书中的内容搭配，画面生动活泼、童趣盎然，与其他的图案相比，这样的处理方式更能突出整个设计的主题。除此之外，在内容的处理上，也选择了与画面风格相同的卡通字体，使整个画面更加吸引读者的眼球。

【设计制作流程】

 ◎ 确认图书品种定位，置入图书封面素材，在置入的图像上添加文字信息，制作图书封面；

 ◎ 绘制与图书封面颜色相近的矩形作为图书封底，在封底中添加相关的文字信息，并进行图书条码的设计；

 ◎ 制作图书书脊部分，在书脊上面输入图书类别、图书名称以及出版社等信息；

 ◎ 绘制图案导入目录信息，设置段落样式和字符样式，对图书中的目录文本应用各种样式；

 ◎ 在目录上面绘制图形，丰富目录效果，最后置入卡通图案，完成图书目录设计。

TIP: 显示图像

 在 InDesign 中右击文档页面，在弹出的菜单中执行"显示性能"命令，在弹出的子菜单中可以选择以不同的品质显示打开或正在编辑的文档。

11.4.1　制作图书封面

 Step 01:启用 InDesign CS6 程序，新建文件，在"图层"面板中创建"封面"图层，执行"文件 > 置入"菜单命令，把随书光盘 \ 素材 \11\01.ai 素材图像置入右侧页面，如右图所示。

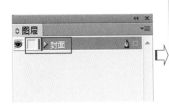

Step 02：用"文字工具"在图像左上角绘制文本框，执行"文字 > 字形"菜单命令，打开"字形"面板，单击面板中五角星图形，如右图所示，单击后在文本框中插入字形，如右图所示。

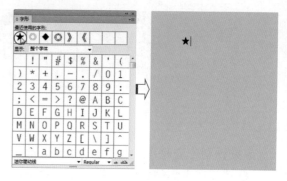

Step 03：将光标放置于五角星后方，然后输入文字"囊括热点"，如下图所示。

Step 04：单击"字形"面板中的五角星图案，再次插入图形，经过反复操作，完成文字和字形的设置。

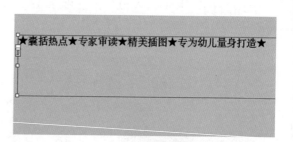

Step 05：用"文字工具"选中文本框中的文字和五角星，打开"字符"面板，在面板中设置字体为"迷你简幼线"，字体大小为 60 点，字符间距为 100，如右图所示，设置后单击"色板"面板中的"纸色"，把文字和图形更改为白色效果，如下图所示。

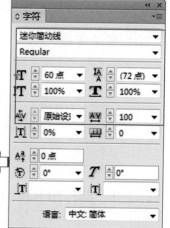

Step 06：选择"椭圆工具"，在文字"囊"上方绘制一个小圆，打开"颜色"面板，设置圆的填充色为 R227、G85、B19，如右图所示，然后执行"对象 > 排列 > 后移一层"菜单命令，把绘制的橙色小圆移至白色的文字下方。

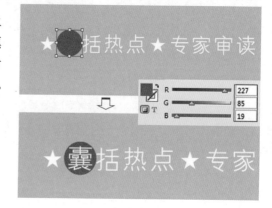

Step 07：锁定文字，用"选择工具"选择橙色小圆，然后复制多个圆形图形，并把这些图形移至对应的文字下方，设置好的效果如下图所示。

TIP: 锁定图层

　　当我们完成了文档内容的编辑后，如果不需要再对某个对象进行编辑时，可以使用"图层"面板把对象锁定起来，再进行其他对象的编辑。在"图层"面板中单击图层或对象名称前的空白方框，单击后会在该方框中显示一个锁定图标🔒，即表示此图层或对象已被锁定。

Step 08：选择"矩形工具"，在文档中绘制一个矩形，并为绘制的矩形填充上与橙色小圆相同的颜色效果，如左图所示。

Step 09：用"文字工具"在矩形上绘制一个文本框，在文本框中输入"科普"二字，打开"字符"面板，设置字体为"迷你简雪峰"，字体大小为 45 点，字符间距为 100，如下图所示，再把文字颜色更改为白色。

Step 10：使用"文字工具"在文字"科普"下方输入英文"Polular Science"，设置好以后，用"选择工具"选中编辑好的文字和图形对象，执行"对象 > 编组"命令，把文字和图形编组。

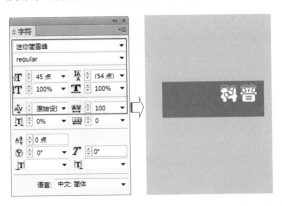

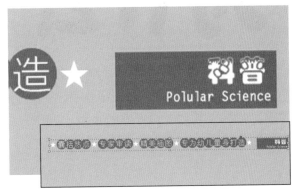

Step 11：选择"钢笔工具"，在文档中绘制一条曲线路径，如下左图所示，在"控制"面板中将描边色设置为黑色，单击"路径文字工具"按钮，在绘制的路径上单击，输入文字"幼儿版"，打开"字符"面板，在面板中调整文字属性，如下中图所示，再将文字颜色更改为橙色，效果如下图所示。

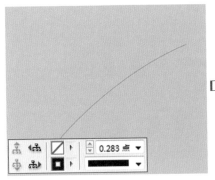

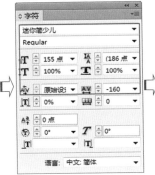

Step 12： 用"文字工具"选中文本框中的文字，打开"描边"面板，设置描边"粗细"为10点，如左图所示，设置后单击"色板"面板中的"纸色"，更改描边颜色，为路径文本添加描边效果。

Step 13： 使用"文字工具"在页面中的合适位置分别输入文字"十""万""个""为""什""么"，用"选择工具"选中输入的文字，执行"文字 > 创建轮廓"菜单命令，创建文字图形。

Step 14： 选中文字"十"，双击"渐变色板工具"按钮 ，打开"渐变"面板，在面板中设置渐变颜色和渐变角度，为选中文字填充渐变效果，如下图所示。

Step 15： 执行"对象 > 效果 > 投影"菜单命令，打开"效果"面板，在面板中将"不透明度"设置为52%，"距离"设置为4毫米，"角度"设置为85°，"大小"设置为4毫米，如右图所示。

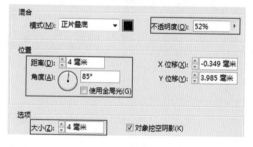

Step 16： 单击"斜面和浮雕"样式，在展开的选项中选择"内斜面"样式，"大小"为16毫米，"突出显示"的不透明度为32%，阴影"不透明度"为31%，如下左图所示，设置后单击"确定"按钮，应用效果，如下右图所示。

Step 17：继续使用同样的方法，为另外几个主标题文字也填充渐变颜色，设置上类似的样式，然后结合"文字工具"和图形绘制工具，在页面中添加更多图形和文字，最后将出版社的标志置入页面下方。

11.4.2 图书封底的设计

Step 01：创建"封底"图层，选择工具箱中的"矩形工具"，在左侧页面绘制一个矩形，打开"颜色"面板，在面板中把填充色设置为 RGB，为绘制的矩形填充颜色。

Step 02：用"矩形工具"在蓝色矩形中间位置再绘制一个矩形，在"控制"面板中设置填充色为白色，执行"窗口 > 效果"菜单命令，打开"效果"面板，在面板中将"不透明度"设置为 55%。

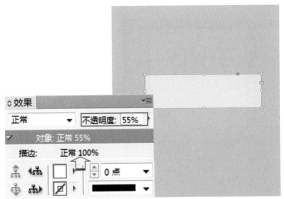

Step 03：使用"矩形工具"再绘制一个稍小一些的矩形，在"控制"面板，将填充色设置为"无"，描边颜色为纸色，描边"粗细"为 20 点，如下图所示。

Step 04：执行"文件 > 置入"菜单命令，把随书光盘\素材\11\03、04.ai 图像置入画面中，置入后的文档效果如右图所示。

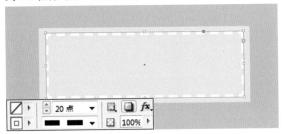

Step 05：选择"文字工具"，在页面中单击并拖曳鼠标，绘制文本框，在文本框中输入文字，打开"字符"面板，在面板中设置字体为"迷你简卡通"，字体大小为 100 点，字符间距为 –50，设置后查看文字效果，如下图所示。

Step 06：用"文字工具"选中文本框中的文字，在"控制"面板单击文字填色旁边的按钮，在展示的列表中单击颜色，更改文本颜色，效果如下图所示。

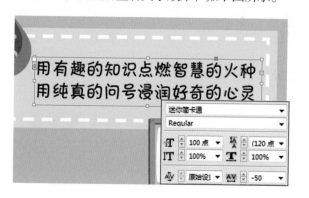

Step 07：使用"文字工具"输入文字，结合"字符"面板和"控制"面板调整文字和文字颜色，再在"控制"面板中的"旋转角度"文本框中输入旋转角度为 6°，旋转文字，继续使用同样的方法，在文档中添加更多的文字效果。

11.4.3 添加条形码

Step 01：使用"矩形工具"在画面中绘制一个矩形并把绘制的矩形填充为纸色，如右图所示。

Step 02：选择"直线工具"，按住 Shift 键不放，单击并拖曳鼠标，绘制一条直线，如下图所示。

Step 03：用"选择工具"选中绘制的直线，执行"编辑＞拷贝"菜单命令，再执行"编辑＞粘贴"菜单命令，复制直线并把复制的直线移到矩形上方，如下图所示。

Step 04：使用"文字工具"在白色的矩形中间位置绘制一个文本框，然后在文本框中输入数字编码，如下图所示，打开"字符"面板，在面板中对字体进行更改，将文字转换为条码效果，如右图所示。

Step 05：用"选择工具"选中条形码文本，执行"文字＞创建轮廓"菜单命令，把文字转换为图形，然后对文字图形进行缩放操作，效果如下图所示。

Step 06：单击工具箱中的"直接选择工具"按钮，选中文字图形，将选中图形移到页面外，然后通过框选的方式，选中条码下方的数字，按下 Delete 键，删除数字，如下图所示。

Step 07：单击"选择工具"按钮，选择制作好的条形码，将其移到白色矩形中间位置，然后同时选中白色矩形、线条等图形，打开"对齐"面板，单击面板中的"垂直居中对齐"按钮，对齐图形。

Step 08：选择"文字工具"，在条形码旁边添加合适的文字信息，然后将添加的文字、白色矩形、条码、线条全部选中，按下快捷键 Ctrl+G，将选中对象编组，如下图所示。

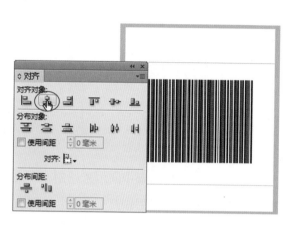

11.4.4 制作书脊

Step 01：创建"书脊"图层，单击"钢笔工具"按钮，在画面中绘制一个不规则的三角形，然后设置填充色为 R0、G166、B114，为三角形填充颜色。

Step 02：继续使用"钢笔工具"在已绘制的三角形旁边再绘制一个不同形状的三角形，用"选择工具"同时选中这两个三角形，按下快捷键 Ctrl+G，将图形编组，如下图所示。

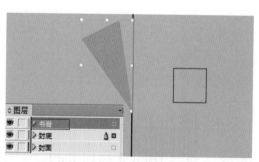

Step 03：单击"矩形工具"按钮，在文档中绘制两个不同大小的矩形，用"选择工具"选中绘制的矩形，打开"颜色"面板，分别把矩形的填充色设置为 R246、G197、B131 和 R156、G205、B64，如下图所示，设置后的图像效果如右图所示。

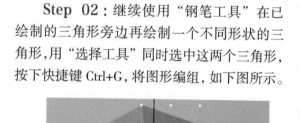

Step 04：选择"文字工具"，在文档中绘制一个文本框，输入文字，打开"字符"面板，在面板中调整文字属性，如下图所示，用"文字工具"选中更改后的文字效果，单击"色板"面板中的"纸色"，更改文字颜色，效果如下图所示。

Step 05：用"选择工具"选中文本框及文本框中的文字，执行"文字 > 排列方向 > 垂直"菜单命令，更改文字排列方向，效果如右图所示。

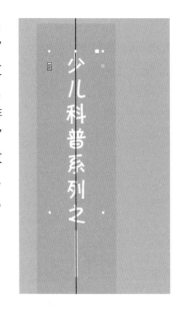

Step 06：继续使用"文字工具"在书脊上面输入更多的图书信息，然后分别调整这些文本对象，执行"文字 > 排列方向 > 垂直"菜单命令，更改文字排列方向，效果如右图所示。

Step 07：执行"文件 > 置入"菜单命令，将随书光盘 \ 素材 \11\02.ai"标志图像置入书脊上，效果如下右图所示。

11.4.5　创建并置入图书目录

Step 01：执行"文件 > 新建 > 文档"菜单命令，新建一个文档页面，用于制作图书目录，选择"钢笔工具"，在目录文档中绘制一个图形，然后设置填充色为R247、G171、B95，更改图形颜色，使用同样的方法在目录上方绘制更多不同形状、颜色的图形效果，如下右图所示。

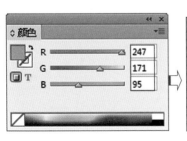
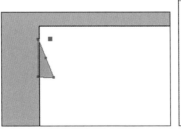

Step 02：选择"钢笔工具"，在已绘制的图形上面绘制一条曲线路径,然后在"控制"面板中将路径描边颜色设置为"纸色"，描边粗细值为 60 点，为绘制的路径添加白色的描边效果，如下图所示。

Step 03：选择"钢笔工具"，在文档下方再绘制一个不规则的图形，然后在"控制"面板中设置填充色为"纸色"，描边颜色为"无"，如下图所示。

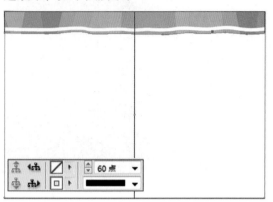

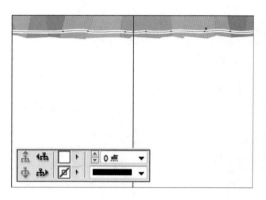

Step 04：执行"版面 > 目录"菜单命令，打开"目录"对话框，如下左图所示，在对话框左侧的"目录样式"列表中选择一种格式，单击"添加"按钮，添加样式，如下右图所示，设置后单击"确定"按钮。

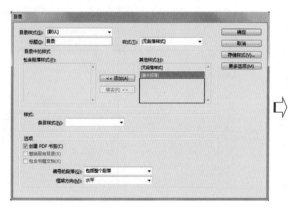

Step 05：添加样式以后，用光标在页面左侧的空白处单击，设置目录文本框，如下图所示。

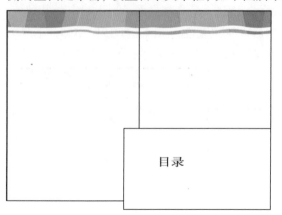

Step 06：执行"文件 > 置入"菜单命令，把"目录 .txt"置入目录文本框中。

目录
《哺乳动物》
02 长颈鹿的脖子为什么那么长？
04 大象怕老鼠钻进它的鼻子里吗？
08 大象的长鼻子都会干什么？
10 羊为什么爱吃草？
12 袋鼠的尾巴有什么用？
16 袋鼠的肚子上为什么有口袋？
18 为什么袋鼠总是跳着走？
《虫虫世界》
22 为什么蜘蛛和蜈蚣不是昆虫？
26 世界上有多少种昆虫？
28 世界上的昆虫都很小吗？
30 最长的昆虫有多长？
34 昆虫身上的两只"角"是什么？
36 昆虫的耳朵长在哪里？
《地球的奥秘》
40 地球是静止不动的吗？
44 为什么我们感觉不到地球在转动？
46 为什么会有白天和黑夜？
48 为什么会有春、夏、秋、冬？
52 地球的年龄有多大？
54 为什么说地球是蓝色的星球？
56 地球在空中为什么不会掉下去？
58 地球的表面有些什么东西呢？
《好玩儿的科学》
62 铅笔为什么能写字？
64 为什么风筝能飞上天？
66 为什么肥皂水能吹出泡泡来？
70 为什么橡皮可以擦掉铅笔字？
72 洗手液为什么能把手洗干净？
74 牙刷为什么能刷牙？
76 皮鞋是用什么做的？
78 苹果削皮后为什么会变色？

11.4.6 段落样式的应用

Step 01：选择工具箱中的"文字工具"，在文字《哺乳动物》上单击并拖曳鼠标，选中文字，如下图所示。

Step 02：打开"颜色"面板，在面板中将填充色设置为R235、G97、B59，更改文字颜色，效果如下图所示。

Step 03：打开"字符"面板，在面板中设置字体为"迷你简少儿"，字体大小为80点，行距为160点，其他参数不变，如左图所示，调整文字效果。

Step 04：执行"文字 > 段落样式"菜单命令，打开"段落样式"面板，单击面板底部的"创建新样式"按钮，如下左图所示，新建"段落样式1"，如下右图所示。

Step 05：双击"段落样式"面板中的"段落样式1"，打开"段落样式选项"对话框，在对话框中设置段落样式名称为"目录-1级标题"，如下图所示。

Step 06：单击"段落样式"对话框中的"缩进和间距"选项，切换到该选项卡中，设置"首行缩进"值为71.967毫米，如右图所示。

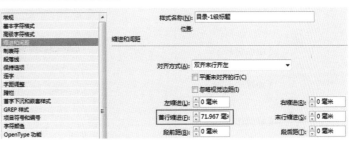

Step 07：单击"段落样式"对话框中的"制表符"选项，切换到该选项卡中，设置左对齐，X 为 94.192 毫米，前导符在中间位置，如右图所示。

Step 08：单击"段落样式"对话框中的"字符颜色"选项，切换到该选项卡中，设置字符颜色，如右图所示，设置后单击"确定"按钮，完成样式的设置。

Step 09：将光标移到文字"《虫虫世界》"一排，再单击鼠标，显示光标插入点，如下左图所示，打开"段落样式"面板中的"目录–1级标题"样式，如下中图所示，单击样式后为文字应用该样式效果，如下右图所示。

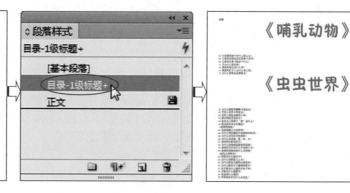

Step 10：继续使用同样的方法，选中其他一级标题文字，然后单击"目录–1级标题"样式，应用样式，效果如下图所示。

Step 11：用"文字工具"选中文字"长颈鹿的脖子为什么那么长？"，打开"颜色"面板，在面板中设置填充为 R102、G102、B102，如下图所示，更改选中文字的颜色。

Step 12：打开"字符"面板，在面板中继续进行设置，将文字字体设置为"迷你简卡通"，行距为120点，字符间距为25，其他参数不变，如左图所示，设置后的文字效果如下图所示。

Step 13：打开"段落样式"面板，单击面板底部的"创建新样式"按钮，如下左图所示，新建"段落样式1"，如下右图所示。

Step 14：双击"段落样式"面板中的"段落样式1"，打开"段落样式选项"对话框，在对话框中设置段落样式名称为"目录-2级标题"，如下图所示。

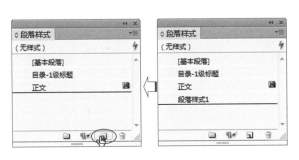

Step 15：单击"段落样式"对话框中的"缩进和间距"选项，切换到该选项卡中，设置"首行缩进"值为40毫米，如右图所示。

Step 16：设置后单击"确定"按钮，返回文档窗口，查看设置样式后的文字效果，如下图所示。

Step 17：选择"文字工具"，将鼠标移到第三排文字右侧，单击放置光标插入点，再单击"段落样式"面板中的"目录-2级标题"样式，如下图所示。

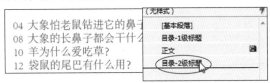

Step 18:对第三排文字应用"目录–2级标题"样式，效果如下图所示，使用同样的方法，为目录文字进行样式的应用，应用后的效果如右图所示。

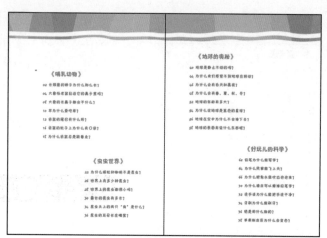

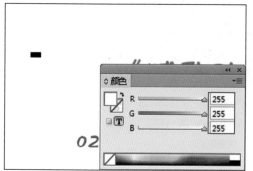

Step 19：单击"文字工具"按钮 🅣，选中"目录"二字，打开"字符"面板，将填充色设置为白色，更改文字颜色，如下图所示。

Step 20：打开"字符"面板，在面板中设置字体为"迷你简卡通"，字体大小为140点，行距为300点，间距为–50，如右图所示，更改"目录"二字。

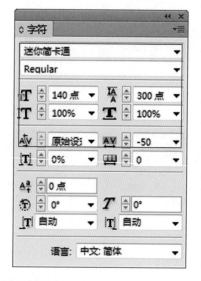

Step 21：单击"文字工具"按钮，在文字"哺乳动物"四个字上面单击并拖曳鼠标，选中文字，如右图所示。

Step 22:打开"段落样式"面板，单击面板底部的"创建新样式"按钮 🔲，如下左图所示，新建"段落样式1"，如下中图所示，双击"段落样式"面板中的"段落样式1"，打开"段落样式选项"对话框，在对话框中设置段落样式名称为"目录主题"，如下右图所示，单击"确定"按钮。

11.4.7 字符样式的应用

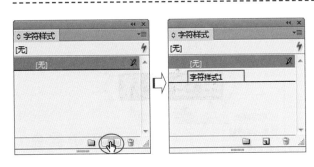

Step 01：执行"窗口 > 字符样式"菜单命令，打开"字符样式"面板，单击面板底部的"创建新样式"按钮 ，新建"字符样式 1"，如左图所示。

Step 02：双击"字符样式"面板中的"字符样式 1"，打开"字符样式选项"对话框，如下左图所示，在该对话框中将样式名称设置为"目录 –1 级标题"，如下右图所示。

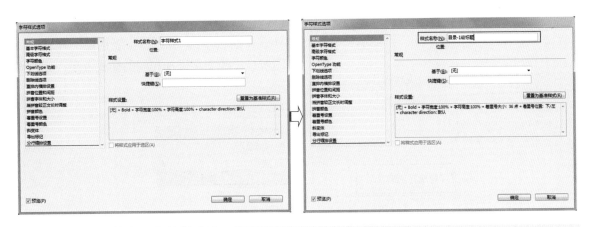

Step 03：单击"字符样式选项"对话框中的"着重号设置"选项，更换到相应的选项卡中，设置着重号"偏移"–5 点，"位置"为"下 / 左"，"大小"为 36 点，"字符"为"鱼眼"，如右图所示。

Step 04：单击"字符样式选项"对话框中的"着重号颜色"选项，在显示的选择中单击颜色列表中的颜色，设置着重号颜色，如右图所示，设置完成后单击"确定"按钮。

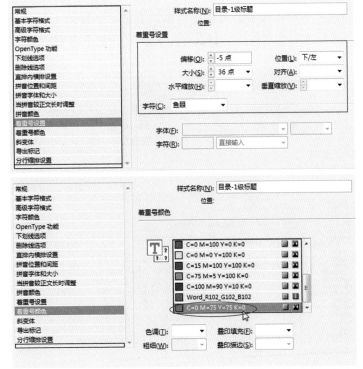

Step 05：返回文档页面，此时可以看到被选择的文字下方添加了鱼眼形状的着重号效果，如下图所示。

Step 06：用"文字工具"选中文本"虫虫世界"，单击"字符样式"面板中"目录-1级标题"样式，为文字添加样式效果，如下图所示。

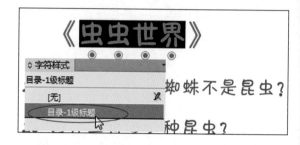

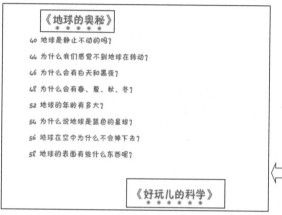

Step 07：继续使用"文字工具"选中文字"地球的奥秘"和"好玩儿的科学"，然后单击"字符样式"面板中的"目录-1级标题"样式，如下图所示，为文字添加相同的样式效果，如左图所示。

Step 08：打开"字符样式"面板，单击面板底部的"创建新样式"按钮，如下左图所示，新建"字符样式1"，如中图所示，双击"字符样式1"，打开"字符样式选项"对话框，在对话框中输入样式名称为"目录-主文字1"，如下右图所示。

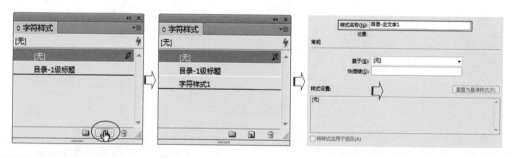

Step 09：单击"字符样式选项"对话框中的"字符颜色"选项，在展开的选项卡中单击颜色列表中的蓝色，如左图所示，设置完成后单击"确定"按钮，创建"目录-主文字1"字符样式。

Step 10:用"文字工具"选中文字"脖子",使其反相显示,如下左图所示,单击"字符样式"面板中的"目录 – 主文字1"样式,如下中图所示,对选中文字应用该字符样式,更改选中文字的颜色,效果如下右图所示。

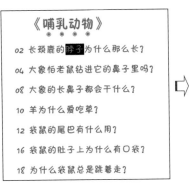
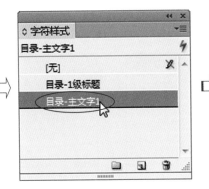
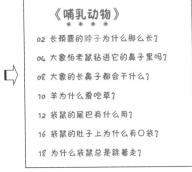

Step 11:使用同样的方法,创建更多的字符样式,然后根据喜好对目录中的一部分文字应用不同的样式效果,如右图所示。

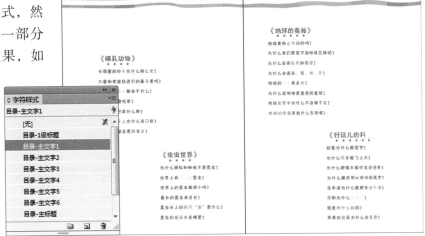

11.4.8 图书目录的调整

Step 01:选择"椭圆工具",按下 Shift 键单击并拖曳鼠标,在文档页面中绘制一个图形,打开"颜色"面板,设置填充为 R143.G219.B210,如下图所示,更改圆的颜色。

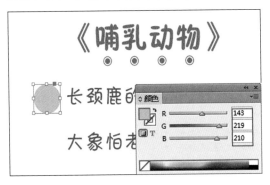

Step 02:单击"选择工具"按钮,选中绘制的圆形,连续执行几次"对象 > 排列 > 后移一层"菜单命令,把绘制的圆形移至文字下方,效果如下图所示。

Step 03：选中绘制的圆形，执行"编辑>拷贝"菜单命令，复制图形，再执行"编辑>粘贴"菜单命令，粘贴复制图形，使用同样的方法复制更多圆形，根据版面需要，把这些圆放置到对应的文字下方，效果如下图所示。

Step 04：选择"钢笔工具"，在文档页面绘制两个不同形状的图形，分别将其颜色填充为 R143、G219、B210、R118、G197、B240，如下图所示。

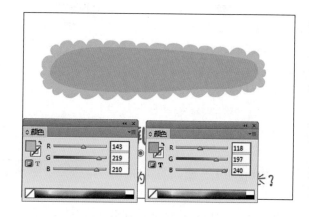

Step 05：用"选择工具"同时选中绘制的两个图形，执行"对象>排列>后移一层"菜单命令，把绘制的图形移到文字下方，然后在目录旁边添加英文"CONTENTS"，效果如下图所示。

Step 06：使用"文字工具"在目录旁边输入文字，打开"字符"面板，更改文字属性，然后运用"颜色"面板，分别对文字的填充颜色和描边颜色进行设置，如下图所示，设置后使文字颜色与整个画面颜色更一致。

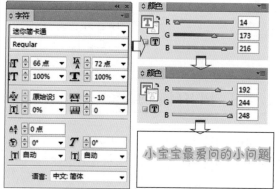

Step 07：继续使用"文字工具"再输入一排文字，结合"字符"面板和"颜色"面板调整文字效果，最后执行"文件>置入"菜单命令，将随书光盘\素材\11\05~09.ai 卡通儿童图形置入画面中，完成目录的制作。

11.5　举一反三

通过前面小节的学习，我们学习并掌握了图书的装帧设计，其中包括图书封面、封底、书脊的制作，图书目录的导入以及目录样式的设计等，下面将利用前面所学知识对实例中的图书封面和目录进行调整，制作一个全新的封面和目录效果，如下图所示。

操作要点：

1．用"选择工具"选择封面图形，结合"颜色"面板更改图形颜色；
2．在"字符样式"面板中更改样式选项，对目录中的文字应用新的样式效果；
3．使用"选择工具"选中目录中绘制的图形，根据页面整体风格更改页面中的图形颜色。

源文件：随书光盘\举一反三\源文件\11\儿童图书装帧设计－封面、儿童图书装帧设计－目录.indd

11.6　课后练习——文学类图书装帧设计

一本图书不能没有封面，也不能没有目录，一个主题鲜明的封面搭配上条理清晰的目录，自然能获得更多读者的喜爱。本章主要学习图书封面与目录的装帧设计，为了进一步巩固本章所学知识，下面我们为大家准备了一个课后习题，学习制作文学类图书装帧设计，效果如下图所示。

操作要点：

1. 使用图 "钢笔工具" 和 "矩形工具" 在图书封面上绘制图形；

2. 用 "文字工具" 在封面中输入文字并制作条码，创建文字轮廓，对文字填充渐变颜色；

3. 创建新文档，导入目录，使用 "段落样式" 和 "字符样式" 面板为目录指定样式。

素材：随书光盘 \ 课后练习 \ 素材 \11\01.eps、02. 03.ai

源文件:随书光盘 \ 课后练习 \ 源文件 \11\ 文学类图书装帧设计 – 封面、文学类图书装帧设计 – 封面 .indd

Chapter 12

作品的输出设置

完成作品的设计制作之后，需要对文档进行输出。InDesign可以用源文件进行打印，也可以将文档转换为不同的格式后再进行打印。如果我们对自己制作的用于打印的文件不放心，还可以在打印文件时，将文件打包，将文档中包含的字体、图片以及相关的链接信息都保存下来，方便于后面印刷的时候做相应的处理。

本章会对文档的输出、导出以及打包方式进行介绍，读者通过学习能够掌握多种输出方法，以应对后期不同的情况。

本章学习重点：

- 打印分色
- 设置印前检查文件

12.1 打印设置

将设计好的作品打印出来是一件非常快乐的事情，通过打印作品可以让更多的人看到自己的成果。在打印输出作品前，需要了解一些关于照片打印的选项设置，便于我们能够更好地打印作品。在 InDesign 中，可以利用软件提供的"打印"和"打印小册子"功能对文档设置不同的打印选项，满足更多用户的实际打印需求。

12.1.1 准备打印分色

在打印作品时，打印机通常将图稿分成 4 个印版，分别为图像的青色 (C)、黄色 (Y)、洋红 (M) 和黑色 (K)，如下两幅图像所示。当使用适当油墨打印并相互对齐这 4 个印版图像后，将这些颜色重新组合起来呈现出原始图稿。这种将图像分成两种或多种颜色的过程即被称为颜色分色，而从中创建印版的胶片称为分色版。

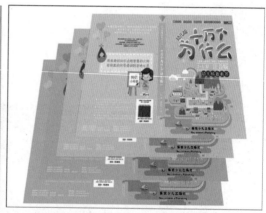

Adobe InDesign CS6 支持基于主机和基于 In-RIP 两个不同的分色流程。其中传统的基于主机的预分色工作流程中，InDesign 会为文档需要的每个分色创建 PostScript 信息，并将此信息发送到输出设备；而在较新的基于 RIP 的工作流程中，新一代的 PostScript RIP 在 RIP 上执行分色、陷印以及颜色管理，使主机可以执行其他任务。基于 In-RIP 的分色流程时，InDesign 生成文件花费的时间较少，并极大地减小了所有打印作业传输的数据量。要设置打印分色，执行"文件 > 打印"菜单命令，打开"打印"对话框，如右图所示。

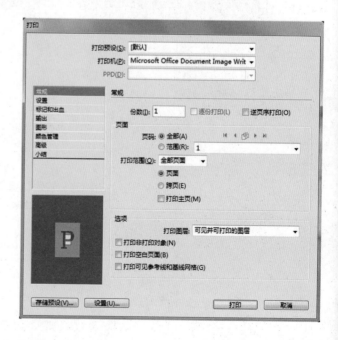

在"打印"对话框中，单击"颜色管理"标签，切换至"颜色管理"选项卡。在"颜色设置"选项卡下单击"打印机"选项右侧的下拉按钮，展开"打印机"下拉列表，在该列表中选择打印机或 PostScript 文件，如下左图所示。选择 PostScript 文件后，我们接下来在"选项"组下对颜色处理方式进行选择，单击"颜色处理"下拉按钮，在列表中选择"由 PostScript（R）打印机确定颜色"选项，如下右图所示，设置后单击"打印"对话框左下角的"存储"按钮即可。

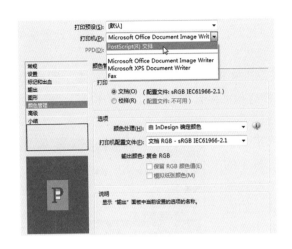 

在 Adobe InDesign CS6 中不但可以创建打印分色，还可以使用"分色预览"面板，预览分色、油墨覆盖范围限制和颜色分色效果。执行"窗口 > 输出 > 分色预览"菜单命令，打开"分色预览"对话框，在对话框中的"视图"列表中选择"分色"，如右图所示。

在"分色预览"面板中，如果要查看单个分色并隐藏所有其他分色，可以单击要查看的分色的名称，默认情况下，覆盖区域显示为黑色；如果要查看一个或多个分色，可单击每个分色名称左侧的空白框；如果要隐藏一个或多个分色，可以单击每个分色名称左侧的眼睛图标；如果要同时查看所有印刷色印版，需要单击 CMYK 图标 ▨；如果要同时查看所有分色，单击并拖动指针滑过分色名称旁边的所有眼睛图标。下面几幅图像分别展示了不同分色下的图像预览效果。

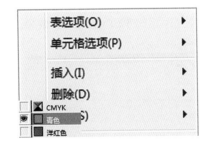  

12.1.2 在提交前印前检查文件

在打印文档或者将文档提交给服务提供商之前，通常需要对文档进行品质检查。印前检查是此过程的行业标准术语，也是打印之前必须要做的一项工作。通过印前检查可以有效避免文档或书籍打印中出现的一些问题。在 InDesign 中，使用"印前检查"面板可以对文档或书籍进行一系列系统的检查工作，如果文档或书籍中出现问题时，如文件或字体缺失、图像分辨率低、文本溢流及其他一些问题，"印前检查"面板会发出警告。

执行"窗口 > 输出 > 印前检查"菜单命令，或双击文档窗口底部的"印前检查"图标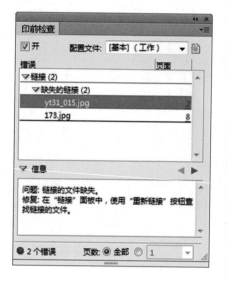，打开"印前检查"面板。如果在文档或书籍文档中没有检测到任何错误，"印前检查"图标显示为绿色；如果检测到错误，则显示为红色。

在"印前检查"面板中的"错误"列表中，列出了文档中的所有错误信息，双击某一行或单击"页面"栏中的页码可以查看错误；同时，在"信息"选项下单击左侧的箭头，可查看到有关所选错误的问题以及解决方法，如右图所示，我们可以看到该文档中出现的问题是缺失了两张图片，需要重新使用"链接"面板进行链接。

> **TIP：书籍的印前检查**
>
> 如果为书籍印前检查指定的配置文件不是嵌入的文档配置文件，当我们再次打开该文档时，需要再次选择相同的配置文件，否则不同的配置文件可能会产生不同的印前检查错误。

在"印前检查"面板中还可以限制每条错误的行数，使错误列表更易于管理。例如，在使用 TrueType 字体的文档中，文档中使用的一个 TrueType 字体可能会生成数百个错误。如果将每个错误的行数限制为 20，则列表中只显示前 20 个错误，并在错误旁注明 20+。单击"印前检查"面板右上角的扩展按钮，在弹出的面板菜单中执行"限制每个错误的行数"菜单命令，在展示的子菜单中设置行数，如左图所示。完成印前检查后，通过"印刷检查"面板菜单中的"存储报告"命令，还能将检查结果存储为 PDF 或 TXT 报告，如右图所示为存储的 TXT 检查报告效果。

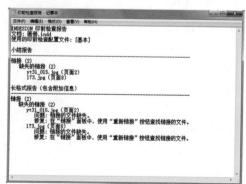

12.1.3 打印文档

　　完成打印文档印前检查工作之后，接下来就可以进入文档的打印工作了。Adobe InDesign CS6 中，要打印文档主要使用"打印"菜单实现。

　　确保已经为打印机安装了正确的驱动程序和 PPD 后，执行"文件 > 打印"菜单命令，打开"打印"对话框。在"打印"对话框中的"打印机"菜单中指定要使用的打印机，如果打印机预设没有所要的设置，需要在"打印预设"菜单中选择并设置，设置好以后在"常规"选项卡中，指定要打印的份数，选择是逐份打印页面还是按照逆页序打印这些页面，以及是否打印跨页等，如下左图所示，设置完成以后，单击"打印"按钮即可开始文档的打印操作，在打印完成后会弹出如下右图所示的"另存为"对话框，在该对话框中设置打印文件的存储类型和存储位置等，设置完成后单击"保存"按钮即可。

12.1.4 打印小册子

　　使用 InDesign 提供的"打印小册子"功能，可以创建打印机跨页以用于专业的文档打印。例如，如果正在编辑一本 8 页的小册子，则页面按连续顺序显示在版面窗口中。但是，在打印机跨页中，将页面 2 与页面 7 相邻，这样将两个页面打印在同一张纸上、并对其折叠和拼版时，页面将以正确的顺序排列并进行打印，如右图所示。

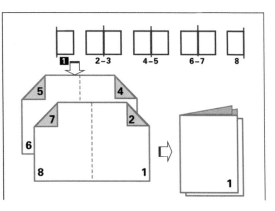

　　在打印小册子时，执行"文件 > 打印小册子"菜单命令，打开"打印小册子"对话框。在"打印小册子"对话框中的"设置"选项卡下可以选择打印的文档内容，如果文档包含多个章节，则可以在"范围"选项中输入章节页码，如果需要对所有文档进行打印，则在"范围"选项中选择"所有页面"选项。除此之外，在"打印小册子"对话框中，除了可以指定打印的文档页面，还可以选择双联骑马订、双联无线胶订和平订 3 种不同的拼版类型来打印小册子。

12.1.5　打印标记和出血设置

　　准备用于打印的文档时，需要添加一些标记以帮助打印机在生成样稿时确定纸张裁切的位置、分色胶片对齐的位置、为获取正确校准数据测量胶片的位置以及网点密度等。选择任一页面标记选项都将扩展页面边界以适合印刷标记、出血或辅助信息区。右侧的图像中展示了不同的打印标记效果。

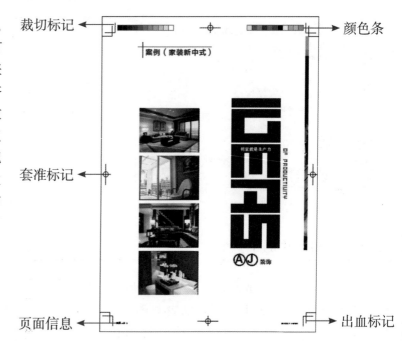

　　当我们需要向页面添加标记选项时，执行"文件 > 打印"菜单命令，打开"打印"对话框。单击"打印"对话框中的"标记和出血"标签，切换到"标记和出血"选项卡，如下左图所示，首先在"类型"下拉列表中选择要添加的标记类型，然后单击并勾选"所有印刷标记"复选框或单击勾选其中一个或多个标记，如下右图所示。

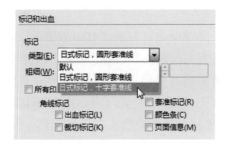

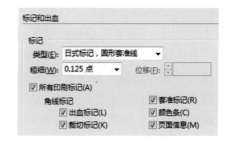

在设置了标记选项后，接下来还可以对文档的出血选项进行调整。默认情况下，InDesign 会选用文档创建时设置的出血值，如果需要更改出血大小，则取消"使用文档出血设置"复选框的勾选状态，然后在下方数值框中重新输入出血值即可，如下左图所示设置上、下、内、外出血值为 4 毫米，设置后单击"打印"按钮，弹出"另存为"对话框，在对话框中指定存储位置，单击"保存"按钮，保存打印文件，此时我们可以打开并查看打印效果，如下右图所示。

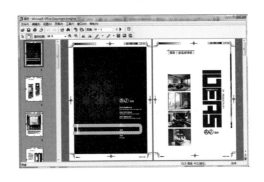

12.2　导出文件

设计制作完成后，需要对文件进行输出。InDesign 可以将设计的作品根据不同的用途导出为不同的文件格式，方便于客户更为清楚地查看文件。下面的几个小节将为大家介绍各种不同格式的文件导出方法。

12.2.1　将内容导出到 EPUB

InDesign 中为了便于用户在 EPUB 阅读器中查看文件，可以将文档或书籍导出为可重排版面或固定版面的 EPUB 格式。如果用户选择将文档导出为可重排 EPUB 格式，那么可重排 EPUB 文档允许 EPUB 阅读器根据显示设备优化内容；如果选择将文档导出为固定 EPUB 版面格式，那么版面中音频、视频以及边缘内容等都不能再对其进行优化处理。

导出 EPUB 文档前选择文档，执行"文件 > 导出"菜单命令，或者打开一本书，然后从"书籍"面板菜单中执行"将书籍导出到 EPUB"命令，打开"导出"对话框，单击"存储类型"下拉按钮，在展开的列表中选择"EPUB"保存类型，如下左图所示，设置后单击"保存"按钮，弹出"EPUB 导出选项"对话框,在此对话框中设置所需要的选项,单击"确定"按钮即可把文档导出为 EPUB 格式。

打开"正在导出 eBook"对话框，在对话框中显示了文件的导出进度，如下图所示。导出完成后，如果要查看文件，则需要在计算机中安装 EPUB 阅读器。

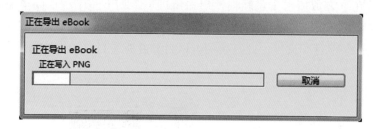

12.2.2 将内容导出为 HTML

将内容导出为 HTML 是一种将 InDesign 文档转换为适用于 Web 网页格式的最简单的方法。使用 InDesign 将文件导出为 HTML 时，可以控制文本和图像的导出方式，并且可以通过使用具有相同名称的 CSS 样式类来标记 HTML 内容，同时 InDesign 会保留应用于导出内容的段落、字符、对象、表格以及单元格样式的名称等。

导出文件前，选择要导出的文档，如果不需要导出整个文档，则选择要导出的文本框架、文本范围、表单元格或图形，再执行"文件 > 导出"菜单命令，打开"导出"对话框。这里是要将内容导出为 HTML 格式，因此在"存储类型"下拉列表中选择"HTML"选项，指定 HTML 文档的名称和位置，如下左图所示，设置后单击"保存"按钮，弹出如下右图所示的"HTML 导出选项"对话框。

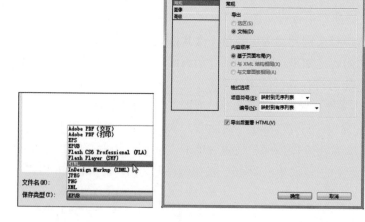

TIP：InDesign 中导出项目

InDesign 可以导出所有文章、链接图形和嵌入图形、脚注、文本变量、项目符号列表、编号列表以及表格等，不能导出超链接、XML 标签、书籍、书签、SING 字形模板、页面过渡效果、索引标记、粘贴板上未选定且未触及页面的对象及主页项目。

"HTML 导出选项"对话框中包含"常规""图像"和"高级"选项卡。单击这 3 个不同的选项卡标签，会切换至不同的选项卡中。

默认情况下选中"常规"选项卡，如下左图所示，在该选项卡中可对一些常规导出选项进行设置；如果需要对"图像"进行设置，则单击"图标"标签，切换至如下中图所示的"图像"选项卡；如果需要设置 CSS 和 JavaScript 选项，则单击"高级"标签，切换至"高级"选项卡，如下右图所示。设置完后单击"HTML 导出选项"对话框中的"确定"按钮。

12.2.3 导出为 Adobe PDF

Adobe PDF 格式是一种通用的文件格式，这种文件格式保留了在各种应用程序和平台上创建的字体、图像和版面。Adobe PDF 是对全球使用的电子文档和表单进行安全可靠的分发和交换的标准，它具有文件小、内容完整的特点，能够提供高效的印刷出版工作流程。当将文档以 Adobe PDF 格式存储时，可选择创建一个符合 PDF/X 规范的文件，便于消除导致打印问题的许多颜色、字体和陷印变量等。

在 InDesign 中，不但可以将文档、书籍或书籍中的选定文档导出为单个 PDF 文件，还可以将内容从 InDesign 版面复制到剪贴板，并自动创建此内容的 Adobe PDF 文件。选择文档或书籍，如下左图所示，执行"文件 > 导出"菜单命令，打开"导出"对话框。单击"存储类型"下拉按钮，在展开的列表中选择"Adobe PDF（打印）"选项，如下右图所示，再指定文件导出名称和位置，单击"保存"按钮。

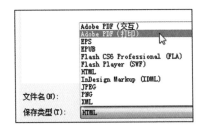

打开"导出 Adobe PDF"对话框，在对话框中进行设置，如下左图所示，选择"Adobe PDF 预设"为印刷质量，"标准"为 PDF/X-4：2010，在"页面"选项区中不选择"跨页"复选框。单击"压缩"标签，切换到"压缩"选项卡，在选项卡可以看到图像的像素比较高，因此不再做设置，如下右图所示。

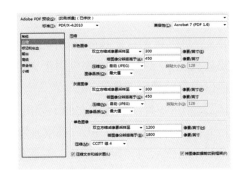

单击"标记和出血"标签，切换至"标记和出血"选项卡，勾选"所有印刷标记"复选框，设置"类型"为"日式标记,圆形套准式"，"位移"为 0.10 毫米，如下左图所示，设置后单击"导出"按钮，完成 Adobe PDF 的导出操作。在保存的路径中打开 PDF 文件，设置的印刷标记在页面中都可以看到，效果如下右图所示，可使印刷厂的工作人员一目了然，便于印刷品的套准和裁切。

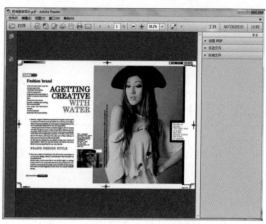

12.2.4　导出为 JPEG 格式

JPEG 使用标准的图像压缩机制来压缩全彩色或灰度图像，以便在屏幕上能够快速显示。在 InDesign 中使用"导出"命令可按 JPEG 格式导出页面、跨页或所选对象。导出为 JPEG 格式前，选择要导出的对象，如果导出页面或跨页，则不需要进行任何选择。选择对象后，执行"文件 > 导出"菜单命令，打开"导出"对话框，在该对话框中的"存储类型"下拉列表中选择"JPEG"选项，单击"存储"按钮。

打开"导出 JPEG"对话框，如右图所示，在此对话框中可以选择导出的内容，如选区、全部、跨页等，还可以对导出图像的品质进行选择，输入更准确的图像效果。

12.2.5　导出 XML

InDesign 可以将字符样式或段落样式中设置的拼音等内容导出到 XML 中。在导出 XML 前需要创建或载入元素标签、将标签应用于文档页面上的项目以及调整带标签元素对象的层次结构，然后再进行内容的导出工作。

选择要导出的内容，执行"文件 > 导出"菜单命令，打开"导出"对话框，在对话框中的"存储类型"下拉列表中选择"XML"选项，为 XML 文件指定名称和位置，然后单击"保存"按钮，将打开如下左图所示的"导出 XML"对话框，在对话框中如需对"图像"和"选项"进行调整，则可以单击对话框顶部的标签，切换至另外两个选项卡，并进行参数的设置，如下中图和右图所示。

TIP：不能导出的表选项

在 InDesign 中，如果要导出的文档中包含表，则必须先为这些表添加标签，然后再进行文档的导出操作，否则 InDesign 不会将这些表对象导出至 XML 中。

12.3　文件打包输出

文件的打包操作可以将制作文件、链接图片复制到指定的文件夹中，以规整文件，避免文件混乱，同时也可以将打包的文件送至印刷厂或复制到其他计算机中查看或继续制作。下面对文件的打包操作进行介绍。

12.3.1　查看文档中的字体

打包文件时，在打包的文件中会包含文档中需要的所有使用的字体。执行"文件 > 打包"菜单命令，即可打开如右图所示的"打包"对话框。默认情况下选择"小结"选项卡，在该选项卡中用文字对打包文件信息进行了简单的说明。

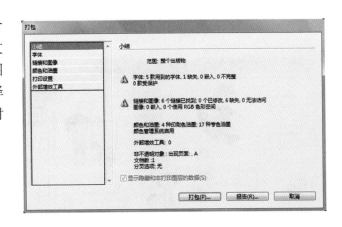

单击"打包"对话框中的"字体"标签，切换至"字体"选项卡。在"字体"选项卡列出了文档中使用的所有字体，包括应用到溢流文本或粘贴板上的文本的字体，以及 EPS 文件、原生 Adobe Illustrator 文件和置入 PDF 页面中的嵌入字体等，同时确定字体是否已安装在您的计算机上及是否可用。勾选"仅显示有问题项目"复选框，则只显示缺失字体、不完整字体和受保护的字体。

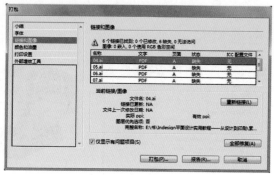

12.3.2　图片链接设置

　　InDesign 文档中使用的所有图像，都需要通过链接的方式放置到文档中，如果文档中图像的链接错误或丢失，则会导致在输出或打印文档时出现错误，因此打包文件时需要查看、修复链接和图像等。

　　单击"打包"对话框中的"链接和图像"标签，切换到"链接和图像"选项卡，在该选项卡中列出了文档中使用的所有链接、嵌入图像和置入的 InDesign 文件，包括来自链接的 EPS 图形的 DCS 和 OPI 链接等。在"链接和图像"选项卡中，勾选"仅显示有问题项目"复选框，即可显示有问题的链接。如下左图所示，打开前面制作好的书籍目录，执行"文件 > 打包"菜单命令，打开"打包"对话框，切换到"链接和图像"选项卡，在选项卡中查看图像的链接情况，如下右图所示。

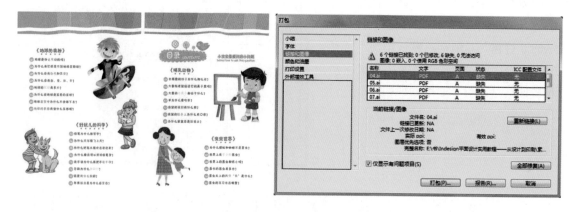

　　查看了链接后，自然是要对有问题的图像进行重新链接操作。先选择有问题的图像，并单击"重新链接"按钮或单击"全部修复"按钮，打开"定位"对话框，在对话框中找到正确的图像文件，如下左图所示，单击"打开"按钮，弹出"重新链接"对话框，如下右图所示，在该对话框中会显示正在链接的图像和进度。

　　完成图像的重新链接工作后，弹出如下左图所示的"信息"对话框，介绍链接的修复情况，单击对话框中的"确定"按钮，即完成了链接修复工作，此时返回"打包"对话框，在该对话框中的"链接和图像"列表下将显示为无，即表示当前文档没有缺少任何链接，如下右图所示。

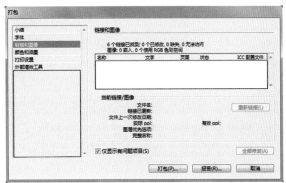

12.3.3　打包文件

　　修复了文档中缺失的字体、图像后，接下来就可以对文档进行打包操作。在打包文档时为了能够更清楚文档中的一些信息，可以在打包文档的时候创建一个打包报告。单击"打包"对话框底部的"报告"按钮，打开"存储为"对话框，在对话框中指定名称和存储位置，单击"保存"按钮，创建打包报告。如右图所示即为创建的报告效果。

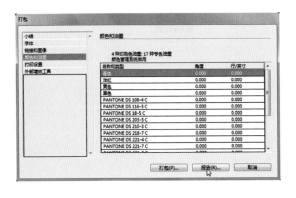

　　创建打包报告以后，进入最后的打包工作，单击"打包"对话框中的"打包"按钮，打开"打印说明"对话框，在此对话框中可以添加说明信息，如联系人、公司、电话等，如下左图所示，

如果不需要输入则直接单击"继续"按钮，打开"打包出版物"对话框，在对话框中指定打包文件的存储位置，如下右图所示，确认打包位置后单击"打包"按钮。

弹出"警告"对话框，如下左图所示，仔细阅读对话框中的相关信息，确认无误后单击"确定"按钮，切换到"打包文档"对话框，此对话框会显示文档正在打包的进度，如下右图所示，如果不需要进行打包，则可以单击"取消"按钮。

完成打包工作后，在指定的文件夹中会出现一个相应的打包文件夹，如下左图所示，在该文档中包括了多个子文件夹，分别用于存储文档中所有使用的文字、图片、制作文件，如下右图所示。

Chapter 13

作品的印刷

设计制作完成后，为了让更多人看到我们的作品，需要将作品选择合适的方式印刷。在印刷作品前，要了解印刷的相关知识、知道印刷的特点与种类、印刷的后期加工工艺以印刷纸张类型等，这样才能印制出让人满意的作品。

本章针对作品的印刷工艺常识进行讲解，读者通过学习，会知道更多与印刷相关的知识，在具体的输出过程中，能够完成作品的快速印刷输出。

本章学习重点：

- 印刷的概念与要素
- 不同种类的印刷
- 后期印刷加工工艺
- 印刷的纸张尺寸
- 多种类型的印刷用纸
- 纸张规则与大小选择

13.1 初识印刷

　　印刷作为一种图像与文字复制的技术，在完成复制信息的同时，也起着记录和传播相应历史文化的重要作用。平面设计的表现方式主要是通过印刷工艺得以实现，如果说平面设计是将自己抽象的设计构思通过图形将其具象地表现出来的话，那么印刷工艺就是让其同时视觉化和触觉化，并使作品最终呈现在广大受众面前的必备手段。平面设计与印刷有着密切的关系，印刷技术的不断改进也推动着平面设计的发展，下面对一些印刷方面的相关知识作一个简单的介绍。

13.1.1 印刷的概念与要素

　　印刷就是以文字原稿或图像原稿为依据，利用直接或间接的方法制印版，再在印版上敷上黏附性色料，在外力的作用下，使印版上的黏附性色料转移到承印物表面上，从而得到批量复制印刷品的技术。随着计算机技术和信息化、网络化技术的飞速发展，可变印刷技术及设备日趋完善，印刷技术的系统化、标准化、流程化、数字化和网络化技术的发展日趋成熟，下图展示了数字印刷的完整过程。

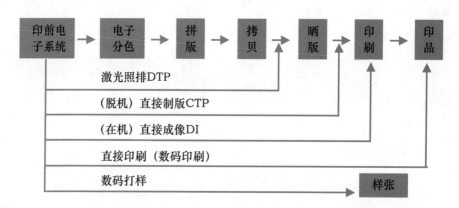

　　常规印刷一般必须包含原稿、印版、承印物、印刷油墨、印刷机械 5 大要素。下面简单介绍一下这 5 个基本要素。

　　1．原稿

　　原稿是指制版所需的复制物的图文信息，原稿质量的好坏将直接影响印刷品的质量。因此在印前，一定要选择和制作适合于制版、印刷的原稿，从而保证印刷品的质量。原稿按印刷工艺来分，可分为文字原稿和图像原稿两大类。

　　2．印版

　　印版是把油墨转移到承印物上的印刷图文载体。印版上，吸附油墨的部分为印纹部分，也称图文部分，不吸附油墨的部分为空白部分，也称为非图文部分。

　　3．承印物

　　承印物是承受印刷油墨或吸附色料的各种材料，最为常用的承印物为纸张。随着科技的不断进步，印刷承印物的种类也是越来越多，现在不仅仅是指纸张，还包括了各种材料，如纤维织物、塑料、木材、金属、玻璃、陶瓷、皮革等，如下图所示为不同承印物印刷出的作品效果。

4．印刷油墨

印刷油墨是把印版上的印纹物质转移到承印物上。承印物从印版上转印成图文，色料图文附着于承印物表面成为印刷痕迹。

印刷用油墨是一种由色料微粒均匀分散在连接料中，并有填充料与助剂加入，具有一定流动性和黏性的物质。如下左图为印刷油墨样版图，右图为油墨颜料。

5．印刷机械

印刷机械的类型有很多，按印版类型可分为凸版印刷机、平版印刷机、凹版印刷机和孔版印刷机；按印刷纸幅大小分为八开印刷机、四开印刷机、对开印刷机、全张印刷机；按印刷色数分为单色印刷机、多色印刷机等，下面两幅图像为印刷机展示效果。

13.1.2　印刷的特点与种类

根据平面设计作品的需求，可以在后期选择不同的印刷工艺来印刷作品。印刷工艺的种类包括凸版印刷、平版印刷、凹版印刷和孔版印刷4种。

1．凸版印刷

凸版印刷的印版，其印纹部分高于空白部分，而且所有印纹部分均在同一平面上。由于凸版印刷的空白部分是凹下的，加压时承印物上的空白部分稍微突起，形成印刷物的表面有不明显的不平整度，这就是凸版印刷的特点。

凸版印刷主要有铜版、锌版、感光性树脂凸版、塑料版、木版等，如下左图为木版效果，现在较流行的为感光性树脂凸版。凸版印刷具有油墨浓厚、印文清晰、色调鲜明、字体及线条清晰、油墨表现力强的特点，因此常被用于名片、信封、请柬、表格的制作。如下右图为采用凸版印刷的名片效果。凸版印刷也有不足之处，就是铅字笔画易断，油墨深浅不易把握，因此它不适合大版面、大批量印刷，下图分别展示凸版印刷原理与印刷效果。

2. 平版印刷

平版印刷也称为胶印，它在印版方面，印纹部分与空白部分没有明显高低之分，几乎是处于同一平面上。感光印纹部分通过化学处理具有亲水性。利用油水相斥的原理，平版印刷先将图文印在胶皮筒上，再转印到纸上着墨，这种方式属于间接式印刷。

平版印刷具有印纹边缘浅、中央深的特点，由于平版印刷属于间接印刷，因而色调浅淡，它在四大印刷中色度最淡。平版印刷的优点是制版简单，复制容易，成本低，套色准确、层次丰富，因此适合于彩色图版印，并且可以承印大数量的印刷品，常用于报纸、书籍刊物、画册、宣传画等。平版印刷也有一些缺点，那就是色调再现较低，着墨量薄，油墨表现力较弱，通常需要使用红、黄、蓝、黑四个色版进行套印，下图为平版印刷原理。

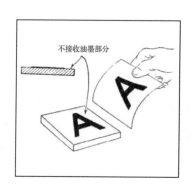

3. 凹版印刷

凹版印刷的印版，印纹部分低于空白部分，而凹陷程度则会随图像的层次而表达出不同的深浅，印纹层次越暗，其深度就越深。空白部分则在同一平面上。凹版印刷是通过压力把凹陷于版面以下的油墨印纹印在纸上，如下图所示。

凹印印刷墨色表现力强，虽然印纹边缘发毛，但印纹富有立体厚度感。凹版印刷的优点是色调丰富，图像细腻，版面耐压性强，印数大，适合于单色图像印刷，它能满足特殊要求印刷，常用于钞票、证券、邮票等有一些特殊要求的印刷。凹版印刷的不足之处就是制作工艺复杂且难以控制，同时制版印刷费较高，不适合印量小的印刷品。

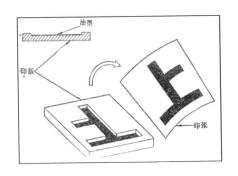

4．孔版印刷

孔版印刷也称为丝网印刷，它的印刷部分由孔洞组成。油墨通过孔洞移印到承印物上从而形成所需要的印痕，非孔洞部分则不能通过油墨。丝网按材料又可分为绢网、尼龙丝网、涤纶丝网和不锈钢丝网。

孔版印刷早期是手工刻画制版印在手工艺品上，现在也已发展为自动化印刷。在制版方向，它已利用照片制版方法制作印版，适合于印刷特殊效果印件。孔版印刷可印在任何材质上，如布料、塑料、金属、玻璃等，也可以印制在曲面的圆形及不规则的立体形版面上。孔版印刷具有油墨浓厚、色调艳丽的优点，但是它印刷速度慢，生产量低，所以不适合于大量印刷物的印制。

13.1.3 了解后期印刷工艺

印刷设计的后期制作工艺可以提高印刷品的档次，因此它是平面设计师应该掌握的重要知识。印刷后期工艺种类繁多，分工明细，包括覆膜、装订、模切、压痕、起凸／压凹等。通过了解并掌握印刷后期工艺可以使设计者在设计样本、画册等印刷品时能更好的把握成品以后的效果，使用作品得到更好的展示。

1．覆膜

覆膜是指将塑料薄膜覆盖于印刷品表面，并采用黏合剂经加热、加压后使之黏合在一起，形成纸、塑合一的印刷品的加工技术。一般情况下，覆膜分为覆光膜和哑光膜两种，覆光膜的产品表面亮丽、表现力强，多用于产品类印刷品；覆哑光膜的产品表面不反光，高雅，多用于形象类印刷品。下面的图像中左图为覆膜机，右图为覆膜后的名片效果。

2．装订

装订包括骑马订、胶订、锁线订、环订和精装对裱五种常用方式。骑马订装是将书册套贴配页，书脊打订书钉，三面裁切成册，具有价廉、工艺简单、交货周期短、易跨页拼图等特点；胶订装是指将书册按页序先套贴后配贴，书脊上胶后配封面，裁切成册，胶装订的特点是价廉、美观、交货周期较骑马订长；锁线装是指将书册按页序先套贴后配贴，按顺序用线订成书芯，书脊上胶后配封面，裁切成册，其特点是装订考究、高档、不宜掉页、易跨页拼图，但生产周期较长；环订是指将书册各页扪切打孔，按页序排列后，穿环成册，其特点是环装的产品结实耐用，可 180°或 360°翻转、平放；精装对裱是将书册各页背对背裱糊裁切整齐，与封面粘贴后成册，具有装订考究、不掉页、结实耐用、跨页无须拼图的优点，下面的三幅图像展示了不同装订方式下呈现的作品效果。

3．烫金／银

烫金／银是借助于一定的压力和温度使金属箔烫印到印刷品上的方法，通过烫金／银处理会使印刷画面产生强烈对比，产生明显金属光泽感。烫金／银工艺适用于非常突出的文字或标识，多用于样本、贺卡、请柬、挂历、台历等，如下图为烫金／银的请柬效果。

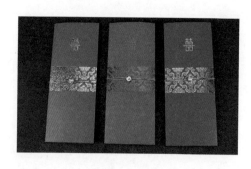

4．模切

模切是指利用钢刀、钢线排列成模板，在压力作用下将印刷品加工成所要求的形状的工艺。通过模切的印刷画面可产生异形，并且能够增强其表现力。模切工艺适用于 157g 以上的纸为原材料的产品，如不干胶、商标、礼盒、相关印刷艺术品等，如下左图为模切工艺制作效果。

5. 压痕

利用钢刀、钢线排列成模板，在压力作用下将印刷品表面加工成易于折叠的痕迹的过程称为压痕。压痕的特点就是对于厚纸，压痕后更便于折叠，还能避免出现纸张表面出现裂痕，如下右图所示。

6. 起凸 / 压凹

利用凸模板（阳模板）通过压力作用，将印刷品表面压印成具有立体感的浮雕状的图案，即印刷品局部凸起，并呈现出立体感的过程叫做起凸；利用凹模板（阴模板）通过压力作用，将印刷品表面压印成具有凹陷感的浮雕状的图案叫做压凹。

7. 打孔

打孔利用相关设备通过压力在印刷品上形成孔状，以便于装订或配合其他工艺，常见的有方孔和圆孔。打孔可使印刷品易于装订，或进行穿绳等其他工艺的制作。打孔的专用性较强，多用于吊牌、文件装订等。下面两幅图像为打孔工艺制作的吊牌效果。

8. 打号

打号是利用相关设备将各类号码打印到印刷品上，以便于查找等特殊用途的工艺。打号多用于优惠券、票据、门票、工作单的制作，便于发放、登记、查找。

9. UV（紫外线光胶）

UV（紫外线光胶）是将紫外线光胶满版或局部固化在印刷品表面的特殊工艺。UV能够在印刷品表面呈现多种艺术特效，令印刷品呈现更精美的效果，常见的有加厚UV磨砂、UV七彩、UV玻璃珠等。UV适合于书刊装裱、封套、封面、台历、高档包装、手提袋的印刷。下面的两张图像则是UV工艺的手提袋和包装盒效果。

10. 压纹

利用雕刻纹路的金属辊加压后在纸张表面留下满版的纹路肌理被称作压纹。压纹利用普通铜板纸实现特种纹路纸的效果，装饰性强，风格独特。压纹的种类丰富，包括粗布纹、细布纹、月牙纹、金沙纹、毡纹、皮纹、梨纹、彩宣纹、金丝纹等。压纹工艺适用于书刊装裱、封套、封面、台历、高档包装、手提袋等，压纹效果如下两幅图像所示。

11. 专色印刷

所谓专色印刷是指通过调整油墨比例而形成一种特殊要求的颜色，此颜色通过四色印刷难以实现，或购买PANOTE油墨用于满足客户某一指定颜色的印刷。专色印刷的特点是色彩饱和、无网点，其色彩效果非四色混合所能达到，适用于标识、标志、VI标准色的印刷。

12. 裱糊

裱糊是指把产品的某些部分通过黏合方法形成所需形状。

13. 植绒

植绒工艺是指在印刷品上局部上胶将细绒固定的工艺，植绒工艺效果特殊，手感出众。

14. 打龙

打龙是指通过龙线刀扪切后在印刷品表面留下便于撕开的成排细孔，邮票、门票及优惠券的正副券连接处的处理都会涉及打龙工艺。

15. 上光

上光是指用专用上光胶液在印刷品上涂布，耐磨性差、光泽保持时间短，一般用于印刷品内文。

13.1.4　印刷的常用尺寸

在进行平面设计时，首先要确定的就是印刷品尺寸的大小。对于印刷品的幅面大小，通常用"开"或"开本"作为单位。通常在不浪费纸张、便于印刷和装订的前提下，把一张全开纸裁切成面积相等的多少小张就叫多少开数，也叫多少开本，常见的有 16 开、32 开、64 开。开本又分为标准开本和畸形开本 2 大类。

1．标准开本

标准开本的宽度和长宽之比为 1：1.414，标准开本按横向对剖，无论对剖多少次，其幅面大小都保持 1：1.414 这个数值不变。采用标准开本的裁剪方式更便于印刷和装订，同时纸张损失也是最少的。如右图所示为最常见的标准开本样式。

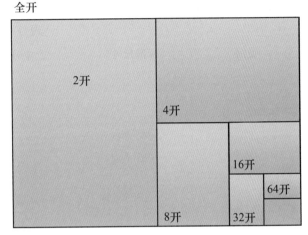

2．畸形开本

凡是幅面的宽度和长度之比不是 1：1.414 的开本都被称为畸形开本。畸形开本主要是为了某些特殊的印刷幅面制作。畸形开本的长宽也有一定的比例，如黄金比例开本的长宽比为1：0.618，无理数开本的长宽比为 1：1.732，简单整数比开本的长宽比为 2：1.3：2.4：3 等。畸形开本的缺点是加工困难，容易造成多余纸边的浪费，导致成本增高，所以一般情况下不建议采用畸形开本的切割法。

纸张大小有大度和正度之分，大度是国际标准，而正度则是我们常用的国内标准。常用的纸张和开本尺寸如下表所示。

表 1　　　　　　　　　　　　　　　　　　　　　　　　单位：mm × mm

尺寸 ＼ 开数	全开	2开	3开	4开	6开	8开	16开	32开	备注
787 × 1092（正度纸张）	781 × 1086	530 × 760	362 × 781	390 × 543	362 × 390	271 × 390	185 × 260		成品尺寸 ＝ 纸张尺寸 − 修边尺寸
787 × 1092（常见开本尺寸）		736 × 520		520 × 368		368 × 260	260 × 184	184 × 130	
850 × 1168（大度开本尺寸）		570 × 840		420 × 570		285 × 420	210 × 285	203 × 140	
850 × 1168（大度纸张）	844 × 1162	581 × 844	387 × 844	422 × 581	387 × 422	290 × 422	195 × 271		

日常生活中常用的平面设计尺寸也会有一定的区别，表2为名片设计的常用尺寸，表3为日常生活中其他常用平面设计尺寸。

表2 单位：mm×mm

类别	方形	圆角
横版	90×55	85×54
竖版	50×90	54×85
方版	90×90	90×95

表3 单位：mm×mm

类别	标准尺寸	4开	8开	16开
IC卡	85×54			
三折页广告				210×285
普通宣传册				210×285
文件封套	220×305			
招贴画	540×380			
挂旗		540×380	376×265（标准）	
手提袋	400×285×80			
信纸、便条	185×260			210×285

13.1.5 印刷的三大环节

印刷有三大环节，分别是印前、印刷、印后。在对设置的作品进行印刷前，需要对印刷的三大环节有一定的了解，才能更利于作品的印刷输出。

1. 印前

印前主要是对原稿的图文处理。印前首先根据客户要求，确定印刷方案，再进行文案的整理，最后进行创意性的设计。

（1）了解客户设计意图，确定印刷方案（根据低档、中档、高档、少量、大量、小幅、大幅的分类，确立性价比较高的印刷方案）。

（2）对文案（要求做到有文档）包括图像、图形、文字在内等素材的收集整理。

（3）设计创意（多个方案、修改完善、综合，要求做到出手稿）按主、次、分支三个层次、突出文字主题、色彩主题、版式主题。

2. 印刷

印刷是印刷三大环节中最重要的一个过程，不但需要掌握熟练的印刷技术，还需要对一些作品输出方式有所了解。印刷一般分为制作、输出、晒版和印刷等几个步骤。

（1）制作。利用善长的工具软件将设计意图体现在数码文档里。软件的功能各有特长，熟练掌握一个图像处理软件，有了前期的定位分析、文字、设计创意，制作阶段相对而言不过是一个流水线式的工作罢了。

（2）输出。广告灯箱和贴纸：写真喷绘；写真机：相对小幅面，水性墨，覆膜，纸质材料，常见于户内，如易拉宝，招贴等；喷绘机：较大幅面，油性墨，不需覆膜，布基材料，常见于户外，如大型广告牌，门头，灯箱等。

（3）晒版。将转印材料上的图案晒到 PS 版上，曝光 + 冲洗等。

（4）印刷。四色印刷、套印、叠印、咬口、专色等。

3．印后

印后加工工艺是为了让印刷作品更加精致、美观的制作工艺，它根据产品的要求不同而不同。印后加工工艺一般较为繁杂，针对不同的客户要求，需要选择合适的印后加工工艺。

（1）烫金银、凹凸、裱纸、上光、UV、腹膜、丝印。

（2）模切、压痕、成品切纸。

（3）手工：折页、裱糊、穿绳等。

（4）装订、包装。

13.2　印刷纸张

纸张的选择直接影响色彩与版面的最终效果，不同的纸张会给读者带来不同的视觉感受，合理地运用纸张，可以使版面表现更完整，信息传达更具有美感。下面对印刷纸张的分类以及规格大小进行介绍。

13.2.1　印刷纸张的分类

纸张，是印刷中耗材的一个重要组成部分。它的好坏决定了在印刷过程中的稳定性和印刷质量的优劣。在输出作品时，采用不同的纸张，印刷出的色彩、人们阅读时的心理感受都会有所不同。例如，铜版纸的表面较光滑，而哑光纸的表面比较粗糙，所以在触觉上哑光纸就会比铜版纸要厚一些。

1．铜版纸

铜版纸表面有一层白色的浆料，它是将颜料、黏合剂和辅助材料制成涂料，经专用设备涂布在纸板表面，经干燥、压光后在纸面形成一层光洁、致密的涂层。铜版纸表面光滑，白度较高，对油墨的吸引性好，多用于印刷高级书刊的封面和彩色图片、插图和各种精美广告、商品包装等。下面的图像中，左图为铜版纸，右图为采用铜版纸印刷的作品。

2．哑光纸

哑光纸与铜版纸相比，不太反光。用它印刷的图案，虽然没有铜版纸色彩鲜艳，但却比铜版纸更细腻，显得更加高档。哑光纸适合于印刷各种报刊、杂志，印出的图形画面具有立体感，便于阅读。因此，这种纸可广泛地用来印刷杂志、画册、广告、风景以及精美的挂历等。如下左图和中图所示为哑光纸，右图为使用哑光纸纸印刷出的画册效果。

3．胶版纸

胶版纸主要供平版（胶印）印刷机或其他印刷机印刷较高级彩色印刷品时使用。胶版纸伸缩性小，对油墨的吸收均匀、平滑度好，质地紧密不透明，白度好，抗水性能强，如下左图为胶版纸效果。胶版纸通常用于彩色画报、画册、宣传画、彩印商标及一些高级书籍封面、插图的制作，如下右图所示。使用胶版纸印刷时，油墨的黏度不宜过高，否则会出现脱粉、拉毛现象。

 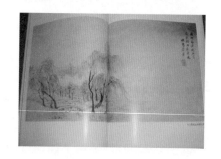

4．白卡纸

白卡纸是一种较厚实坚挺的白色卡纸，分为黄芯和白芯两种。白卡纸具有较高的白度，耐破性高，表面光滑，一般用于印刷名片、明信片、请柬、证书及包装装潢用印刷品。

5．凸版纸

凸版纸采用凸版印刷，是制作书籍、杂志时的主要用纸，适用于各类重要著作、科技图书、学术刊物和大中专教材等书籍正文用纸。凸版纸的纤维组织比较均匀，同时纤维间的空隙又被一定量的填料与胶料所填充，并且还经过漂白处理，因此使凸版纸对印刷具有更好的适应性。凸版纸具有质地均匀、不起毛、略有弹性、不透明，稍有抗水性能，有一定的机械强度等特点。下图为两张使用薄凸版纸印制的书籍内页。

6．凹版纸

凹版纸和凸版纸及胶版纸一样，具有一定的平滑度，纸张洁白，也有较好的柔软性，适用于印刷各种彩色期刊、连环画、画册、邮票和有价证券等。如下左图为使用凹版纸印刷出的画册内页效果。

7．新闻纸

新闻纸也叫白报纸，具有纸质松轻、弹性较好、吸墨性能好等特点，它能有效保证油墨固着在纸面上。新闻纸是报刊及书籍的主要用纸，适用于报纸、期刊、课本、连环画等正文用纸，如下右图所示。新闻纸是由机械木浆或其他化学浆为原料制成，含有大量的木质素和其他杂质，不宜长期存放。

8．牛皮纸

牛皮纸是用针叶木硫酸盐本色浆制成的质地坚韧、强度大、纸面呈黄褐色的高强度包装纸，从外观上可分为单面光、双面光、有条纹和无条纹等几种。牛皮纸主要用于小型纸袋、文件袋、信封及日用百货的内包装等。下面两幅图像展示了牛皮纸印刷的包装袋效果。

9．压纹纸

压纹纸是专门生产的一种封面装饰用纸。纸的表面有一种不十分明显的花纹。颜色有灰、绿、米黄和粉红等，一般用来印刷单色封面。压纹纸性脆，装订时书脊容易断裂。印刷时纸张弯曲度较大，进纸困难，影响印刷效率，下面两幅图像即为使用压纹纸印刷出的包装盒以及封面效果。

13.2.2 纸张的规格及大小

纸张的规格就是纸张制成后，经过修整切边，裁成一定的尺寸。在过去通常会以多少"开"来表示纸张的大小，现在国家规定的开本尺寸采用国际标准系列，规定以 A0、A1、A2、B1、B2 等方式来标记纸张的幅面规格。

此标准规定，纸张的幅宽（以 X 表示）和长度（以 Y 表示）的比例关系为 $X:Y=1:n$ 。按照纸张幅面的基本面积，把幅面规格分为 A 系列、B 系列和 C 系列 3 个系列，幅面规格为 A0 的纸张幅面尺寸为 841mm×1189mm，幅面面积为 $1m^2$；幅面规格为 B0 的纸张幅面尺寸为 1000mm×1414mm，幅面面积为 $2.5\ m^2$；幅面规格为 C0 的纸张幅面尺寸为 917mm×1279mm，幅面面积为 $2.25\ m^2$。但是对于复印纸来讲，它的幅面规格则只采用 A 系列和 B 系列两种。若将 A0 纸张沿长度方式对开成两等份，便成为 A1 规格，将 A1 纸张沿长度方向对开，便成为 A2 规格，如此对开至 A8 规格；B 纸张也按此方法对开同样会得到 B8 规格。A0 ~ A8 和 B0 ~ B8 的幅面尺寸大小如下表 4 所示。在 A0 ~ A8 和 B0 ~ B8 所有纸张类型中，A3、A4、A5、A6 和 B4、B5、B6 七种幅面规格为复印纸常用的规格。

表 4

规格	幅宽 /mm	长度 /mm	规格	幅宽 /mm	长度 /mm
A0	841	1189	B0	1000	1414
A1	594	841	B1	707	1000
A2	420	594	B2	500	707
A3	297	420	B3	353	500
A4	210	297	B4	250	353
A5	148	210	B5	176	250
A6	105	148	B6	125	176
A7	74	105	B7	88	125
A8	52	74	B8	62	88